王伟斌 主编

玉道

壹 玉之成

九州出版社 JIUZHOUPRESS | 全国百佳图书出版单位

图书在版编目（CIP）数据

玉道 / 王伟斌主编 .— 北京 ：九州出版社 ,2018.11
ISBN 978-7-5108-7654-7

Ⅰ．①玉… Ⅱ．①王… Ⅲ．①玉石－文化－中国
Ⅳ．① TS933.21

中国版本图书馆 CIP 数据核字（2018）第 272037 号

玉道

作　　者	王伟斌　主编
出版发行	九州出版社
地　　址	北京市西城区阜外大街甲35号（100037）
发行电话	(010)68992190/3/5/6
网　　址	www.jiuzhoupress.com
电子信箱	jiuzhou@jiuzhoupress.com
印　　刷	北京富泰印刷有限责任公司
开　　本	710毫米×1000毫米　16开
印　　张	80
字　　数	1000千字
版　　次	2019年1月第1版
印　　次	2019年1月第1次印刷
书　　号	ISBN 978-7-5108-7654-7
定　　价	735.00元（全五册）

《玉道》顾问

楼宇烈　姜　昆　吴为山　王守常

张黎宏　岳　峰　白　描　宋世义

《玉道》编委会

主　　　编：王伟斌

执 行 主 编：安志刚

副 主 编：张稚轩　魏　力

编委会成员：王伟斌　安志刚　张东标　赵晨均　李杨洋

　　　　　　张　潇　张稚轩　魏　力　胡楠楠　顾　斌

特 约 编 委：张　潇

美 术 编 辑：牟媛媛

图 片 摄 影：王　靖

特 约 撰 稿：桂静繁　王秀荣　霍晨昕　马　超　移　然

君子比德

戊戌冬月

楼宇烈

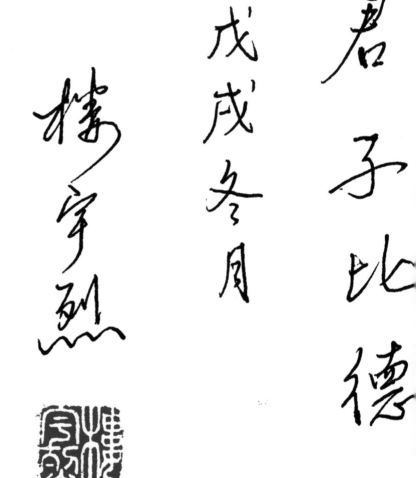

神妙美玉　質樸絕學　溫文爾雅

翡翠雪中送炭摆件

序 一

君子比德如玉

在庚寅年，也就是我活了一个甲子的那一年，我参观了神玉艺术馆。伟斌兄让我留个"墨宝"。他客气，我没有客气；人家夸我，我就顺杆儿爬。提笔写了一句"君子比德如玉"。有人告诉我，你写错了，是"比德于玉"。我说，差不多就行了，较什么真儿呀！其实，我是临柳公权集字帖，从古联"诗人所咏若兰，君子比德如玉"知道这句话的。

我喜欢这一句，有人解释这两句是写君子兰的，错了。它是在标记艺术创造者的品位：诗人妙笔的意境，如同兰花的冰洁；雅士高尚的品德，犹如玉石脂样的温润。这句话是对文人艺术大家，对创造生活中大美之人的形象赞扬。生活中色彩斑斓，不能都是美丽。然而艺术创作者，用他们灵魂中的慧眼能非同寻常地创造和捕捉生活中的美丽。

在神玉艺术馆里有一件作品叫"雪中送炭"。玉石雕刻的是一位面容和善的老翁，他是驾车的人，驾着一辆牛车，在雪中艰难地前行，为远方送一车覆盖着冰雪的木炭。这是一件很平常的生活场景。但是，你只需在这个作品前驻足五分钟，就会发现自己拔不动腿。不说它是一件实现中华琢玉思想最高水平的绝世珍品，但我要说它至少是一件展现传统美学最高境界的宫廷遗珍。

翠玉主要色调是白色的，略有些斑点。这里没有雪花的飞舞，却让你仿佛置身于茫茫冰雪的世界；没有北风的呼啸，却让你似乎感到了阵阵寒风的刺骨；车上好像载着厚重的冰雪，但冰凌之中又透出点点墨色。玉雕大师——这些生活大美的创造者们太绝了！

中华文化始终追求物我两忘、天人合一的最高美学境界，这在玉雕中体现的就是"取天然之形势，得天然之神貌"的思想。"雪中送炭"这件作品所用的翡翠在当代人看来并非上等好料，不但有多处斜纵向的绺裂，而且还有明显的脏色。而古代工匠将"量料施工、因材施艺"的八字方针发挥到了极致，不但没有"挖脏遮绺"，反而因势造型，妙用主题，让翡翠的瑕疵成了点睛之笔。

创作者运用俏色的手法，把翡翠原石中这抹唯一清丽的翠色琢成了老者身下的坐垫，将不规则的墨绿色雕刻成根根木炭，将瓷白色化为厚厚的积雪，营造出雪压木炭的生动质感。木质车轮的纹理和柱状冰凌则是结合绺裂顺势而成，既让我们看到了冰雪融化又凝结的动态之美，又表明了路途的遥远与寒风的凛冽。牛腿的角度、前进的方向，都与原石绺裂的方向一致。不仅营造了顶风冒雪、奋力前行的动势，而且彰显了推己及人、雪中送炭的情怀，刻工造型之高超，令人拍案叫绝。

这件"雪中送炭"作品本身是一种大美，大美背后弘扬的是一种大爱，大爱的背后是大善，大善的底蕴是大德，大德的最高境界是大道。一件玉雕把大德、大道、大善、大爱、大美完全覆盖，并且弘扬得淋漓尽致。它用蕴含天地精华的美石，经过精心琢磨赋予了生命美好的寓意，使人性与自然灵性和谐统一，实现了艺术和精神的永恒，与"诗人所咏若兰，君子比德如玉"相互写照。

神玉艺术馆和九州出版社共同出版的《玉道》，从玉之成、史、美、德、和五个维度系统全面、大众化地普及了中华传统玉文化，借助玉器琢刻技艺发展与使用功能的历史变迁，将中华民族几千年不断发展的世界观、人生观和价值观表达了出来，并充分弘扬了"各美其美，美人之美，美美与共，天下大同"的大美情怀，与这个伟大的时代琴瑟和谐。

作为神玉艺术馆的老朋友，我由衷地高兴神玉又做了一件有意义的事情。在这个弘扬民族文化自信、中国精神全面影响世界的历史时期，这部《玉道》的出版正是"雪中送炭"。

姜昆

于 2018 年 12 月

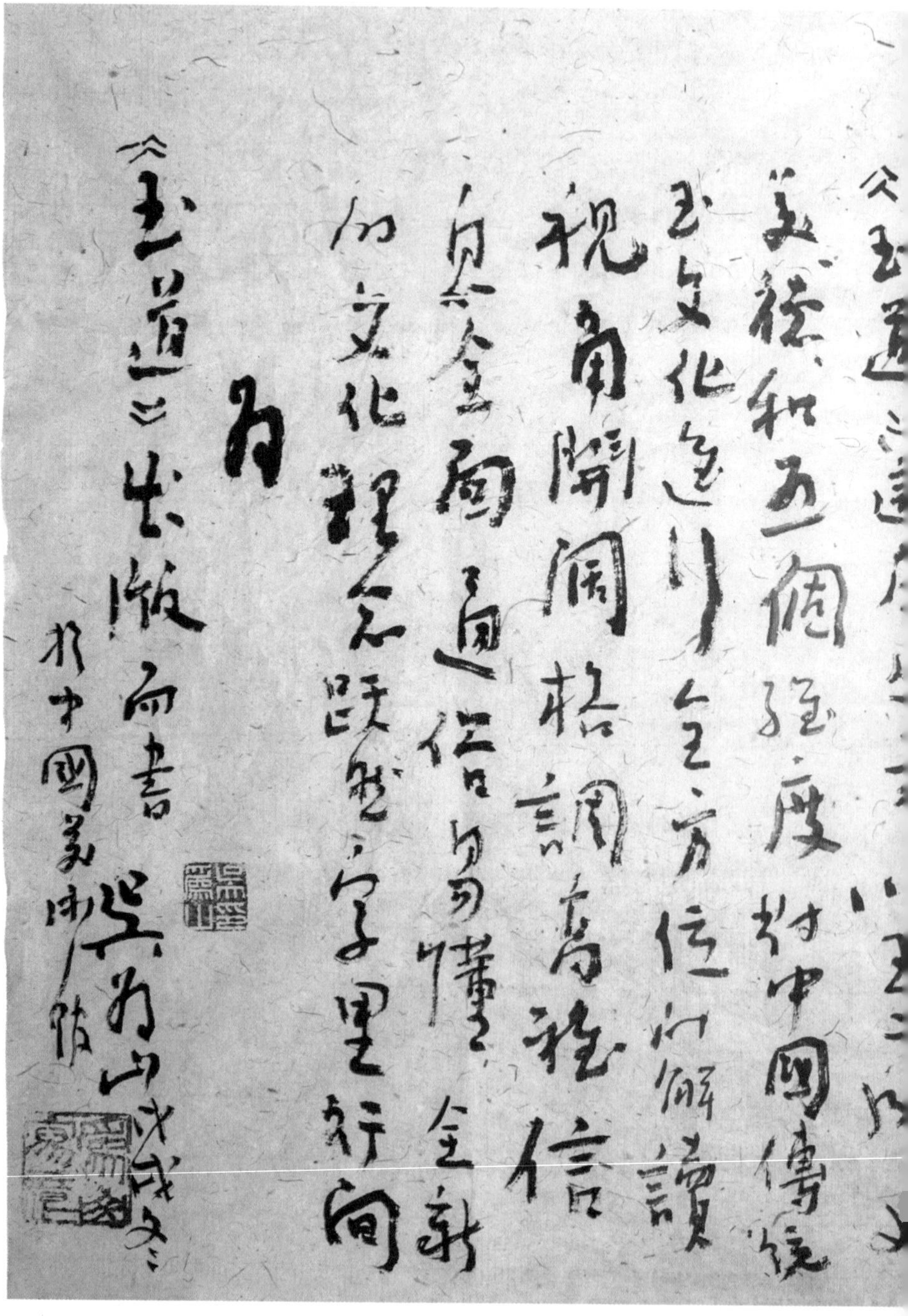

《玉道》出版而书

吴为山敬书

于中国美术馆

君子佩玉　美質者詩云

雕玉人類最古者此

藝術之一昆中美氏族

已獻始藝以文明禮物

吉傳為不以順中玉以内函已

升華為君子人格而詩

君子當德如玉

序 二

君子德如玉，美质若诗魂

玉雕，是人类最古老的艺术之一，是中华民族呈献给世界的文明礼物。在儒家的眼中，玉的内涵已升华为君子人格，所谓"君子媲德如玉"。

《玉道》这套丛书以玉之成、史、美、德、和五个维度，对中国传统玉文化进行全方位的解读，视角开阔，格调高雅，信息全面，通俗易懂，全新的文化理念跃然字里行间。

为《玉道》出版而书。

吴为山

戊戌冬 于中国美术馆

序 三

和寓于玉，美在其中

这部《玉道》中有一本《玉之和》，其书以"和"之名比喻玉的内涵，贴切且深邃。如切如磋，如琢如磨，可以把玉石打磨成一件精美的器物，乃至传世名垂史册。从审美的角度去观赏，多是从玉的外形与纹饰而言。因为美首先是由形式与视觉的悦目构成，也可以认为是自然天趣。如果赋予玉以人文情操，古人有"君子比德于玉"的说法。许慎的《说文》则有"石之美有五德者"。可是以"和"来诠释玉的内涵则是作者与主编者的"移情"比喻了。我以为这种"人文美"更具有历史文化的底蕴。

"和"是中国文化传统中的基本价值之一，是中国哲学中最高的理想境界。可是大多数人并不理解，却将其理解为：协调、和平、相安、妥协等。殊不知中国文化传统以"和"为中心而建立的价值哲学。汉代的《吕氏春秋·大乐》："凡乐，天地之和，阴阳之调也。"宋代周敦颐《通书》说："礼，理也。乐，和也。阴阳理而后和。万物各得其理然后和。"中国古代音乐由宫、商、角、徵、羽五个正音，依据序列节律才可组成一曲美妙的乐曲。这就是朱熹说的"古声只是和"。"和"含义是强调多元的统一，而不是主张无差别的同一。"礼乐"是中国古代制定的礼仪制度、行为准则与道德标准。魏晋南北朝的阮籍在《乐论》中说："夫乐者，天地之体，万物之性也。合其体，得其性，则和。离其体，失其性，则乖。昔者圣人之作乐也，将以顺天地之性，体万物之生也。"这是说中国古代音乐要符合天地万物之情，才可有和谐之优美节奏。另一位嵇康在《声无哀乐论》中说："夫曲用每殊，而情之处变，犹滋味异美，而口辄识之也。美有甘，和有乐，然随曲之情，尽于和域，应美之口，绝于甘境，安得哀乐于其间哉？"他认为音乐要以"和"为体，既可净化个人心性，也可于社会移风易俗。

春秋战国时代，周天子权力旁落，诸侯争霸蜂起，诸子著文匡正，遂有所谓"王霸之辩""义利之辩""理欲之辩"与"和同之辩"。而"和同之辩"颇有意思。《左传》记载了齐景公与晏子的一场对话。"公曰：'唯据与我和夫？'晏子对曰：'据亦同也，焉得为和。'公曰：'和与同异乎？'对曰：'异。和如羹焉，水火醯醢盐梅以烹鱼肉，燀之以薪，宰夫和之，齐之以味，济其不及，以泄其过，君子食之，以平其心。君臣亦然：君所谓可，而有否焉，臣献其否，以成其可；君所谓否，而有可焉，臣献其可，以去其否。是以政平而不干，民无争心。……今据不然。君所谓可，据亦曰可；君所谓否，据亦曰否。若以水济水，谁能食之？若琴瑟之专一，谁能听之？同之不可也如此。'"这段景公与晏子的对话，是说景公问晏子，他与爱臣梁丘据的关系是"和"还是"同"。晏子回答说是"同"而不是"和"。所谓"和"有如煮鱼，要水火配以油盐酱醋等佐料去其腥味才可食之。所谓"同"就是以水加水煮鱼没有味道，谁能吃呢？这与君臣关系是一样的。君王认为可行的，臣子要提出意见，以帮助君王完善其想法，这是"和"。反之，君王说可，据也说可。君王说否，据也说否，永远和君王保持一致不反对，这就是"同"。这次讨论最终得出这样一个结论：和实生物，同则不继。多元化的事物才有生命力，同质化的东西是不能持续发展的。孔子说："君子和而不同，小人同而不和。"中国传统文化有如此思想境界与今日倡导的民主生活几无差异，所以说中国优秀传统文化是我们的精神家园。

君子比德如玉。许慎《说文》认为"玉，石之美者，有五德。润泽以温，仁之方也。理自外，可以知中，义之方也。其声舒扬，专以远闻，智之方也。不挠而折，勇之方也。锐廉而不技，洁之方也。"而以"和"寓于玉，则美在其中，又溢于言表。玉不仅具有五德，而且让我们体悟了中国智慧。宋代张载说："有象斯有对，对必反其为，有反斯有仇，仇必和而解。"在今天风云变幻的世界中，我们要以相互理解包容的情怀消融对峙，让世界变得更美好。

王守常

于 2018 年 12 月

序 四

广收博取，自成风范

大型玉文化知识普及读本《玉道》，以宏大的结构、翔实的史料、清晰的论述、明快的风格，对中华玉文化的源流生发、功能演进、文化内蕴、工艺承传、风格流变、传说掌故等进行了系统地阐述和介绍。全书从玉之成、玉之史、玉之美、玉之德、玉之和五个维度构架布局，各有侧重，条分缕析地对中华玉文化进行全方位地解析，知识辐射地质学、矿物学、神话、宗教、哲学、文化人类学以及儒释道并诸子各家等方方面面，特别是对于史籍经典和传统文化中涉及玉的论述评说，广收博取，作为本书的素材资源和立论依据，同时又有鲜明时代特质的价值统领和思想投射，使本书在知识的丰沛性和视角的前沿性方面自成风范。本书既有史的纵向梳理，也有体系分解的横向铺展，既有专业性，也有普及性。在五册中，《玉之和》是本套书的一个亮点，对中华玉文化中"和"的内涵的提炼和阐发，是对既往玉文化论著的重要补充，是一个独到的新视角，具有开拓性意义。本书行文流畅，风格清新，洋溢着一种平易亲和的阅读魅力。

白描

于 2018 年 12 月

自　序

玉，是大地的舍利，是宇宙送给人类的精神财富，是全人类的瑰宝。

玉，是中华民族解不开的情结。古往今来还没有哪一种物质所造就的器具，能像玉器那样得到人们的高度关注，世界上也没有哪个国家和民族对玉倾注了如此深广的情意。当你真正研究认识这些艺术品，用生命、用心去体味它们，你就变成了一名守护者。或者说，是它所承载的文化的传承者和弘扬者。

中华玉文化从远古一路走来，博大精深，从大的方面可划分为巫玉阶段、王玉阶段和民玉阶段三个历史时期。八千年来同中华民族水乳交融、一脉共生。从上古巫师手中的法器，到黄帝手中的神兵，从完璧归赵到奥运金镶玉，从玉痴皇帝乾隆到钟爱翡翠的翠痴太后慈禧，玉以其独有的特质成就万古渊流，玉被奉为中华民族文化体系重中之重的文化圭臬，可以说一部玉文化史就是中华民族的发展史。

孔子说"君子比德于玉"，许慎在《说文解字》中言"玉为石之美者"。玉是神器，是王权，更是幸福生活的象征。温润如玉、玉树临风、小家碧玉、冰清玉洁、金口玉言、琼浆玉液……中国形容人和生活的最美好词汇几乎都离不开玉。玉与中华节操、中华美德互为表里，玉是品鉴中华传统文化深刻内涵、弘扬中华传统智慧、见证中华文明瑰宝至高境界的最佳介质，玉堪称中华文化的符号，是民族精神的有形载体。

这部《玉道》不是文博专业的学术集成，呈现在大家眼前的是一部有温度、有情感的文化丛书，全书从玉之成、玉之史、玉之美、玉之德、玉之和五个维度，全方位系统地向广大读者展现出中华民族伟大而悠久的玉文化。以玉载道，以道立德，以德养心，以心明人，我们希望玉文化与"和玉精神"作为我们这个伟大时代民族精神的载体，为提升我们的传统文化自信，为中国文化走向世界做出应有的贡献，也希望对我们所有人的人生智慧和幸福生活有所启示。

我希望，朋友们可以经常到艺术馆和博物馆看看那些伟大的艺术作品，给自己的内心一个安静的家和智慧的港湾，去聆听圣哲先贤与古代匠人无言的教化。体会"大象无形"宽广的胸怀与作用；领悟"雪中送炭"博大的仁爱精神与情怀；特别是当我们遇到迷茫、失落、痛苦、彷徨的时候，看看"和合二仙"的笑脸，不能看破的看破了，不能放下的放下了，整个人便逍遥自在了。身心和谐、人人和谐、天人和谐是如玉人生的最高境界。

十年来，我通过神玉文化事业传承中国玉文化，我借用一句话来概括这十年的感悟："物有灵，人有情，物带着姿态、神韵、意境与智慧而来，而我回报以善待保存之心，不求惊天动地，但愿能润泽人心。"

我曾独自徘徊在神州天地间四处寻找，我曾孤独站在没有灯光的舞台上仰望。而如今，窗外的世界喧嚣浮华，我静坐于厚重的历史面前，甘愿做一名守护者，传承无上的中华文明。不惑之年，我正撷取华夏八千年沧桑的甘露，沐浴圣哲智慧的光芒，萃取艺术馆藏品的精华……

茫茫天地，我在路上。

王伟斌

于 2018 年 12 月

引 言

中华民族的祖先因为对昆仑山及玉石独有的情怀，而珍重玉、崇拜玉，直至把玉融入了盘古创世的神话以及女娲补天的传说中，把玉和东方世界的起源与民族的起源紧密联系在了一起。玉文化与中华文明同时起源这个推论，在最具代表性的考古发现中都得到了有力的证明。

在一万年前的旧石器时代和新石器时代过渡期，玉不约而同地被华夏大地很多区域的先民发现和使用，并慢慢走上神坛，成为祭祀的圣物，也成为他们相互联系、相互交流的纽带，更成为文明发展程度的象征。这些区域聚居的先民依靠着共同的玉石崇拜，最终走到一起，形成了最早的华夏民族。直至孔子提出"君子比德于玉"之说，古典玉文化初步形成，而中华民族的核心价值观，也完整诞生。

由石成玉，琢玉成器，以器载道，以道立德，承载了对世界的认知，凝聚了民族的形成，这就是玉之为物的起源，我们称之为玉之成。

目 录

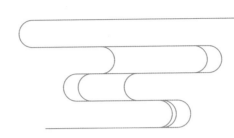

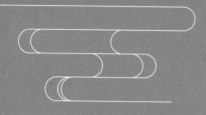

第一章

开天辟地

缘起神话时代

"

　　传说中与人类共生、盘古之精髓转化的珠玉，因伏羲与女娲共同的使用而成为了天地之间的神器。自中国的新旧石器时代直至夏商周文明的成型，玉器在民族文化形成过程中都起到了很重要的作用，并形成了中华民族独有的玉石崇拜，影响至今。

"

自何处来

天地玄黄，宇宙洪荒。在无尽的时空中，一切皆有来处。

天如是，地如是，人如是，玉亦如是。

浩瀚星系，万物同尘埃般生灭，但其意义却无比深远。

人，是万物之灵，因人的存在意识，才让寂寞的宇宙有了觉知。

玉，乃大地舍利，因玉与石的分别，才让初始的社会有了追求。

纵观世界历史，各大古文明都是以神话和传说的形式解读天地的诞生，以及人类的本来。

希腊神话中，世界诞生之前是一片混沌。后由混沌生出了大地之母、黑暗之神、爱神、地狱神以及黑夜神。大地之母生出天、海以及时序女神。神繁衍的后代成为奥林匹斯山的永久居民，而蒙昧的凡人们，则依靠普罗米修斯盗出的火种，创造出了人类文明。

玉道壹玉之成

盘古开天辟地

犹太圣经中，上帝用七天创世。前五天创造出天地万物，第六天则创造了牲畜及管理一切的人——亚当与夏娃。第七日，上帝看到世间万物运行有序，则安歇，定为安息日。

中国传说中，最核心的创世神话是盘古开天。当盘古于鸿蒙中睁开双眼的那一刻，天地初成。接着，盘古化身为山川河流，使整个天地充满了生命，朝气蓬勃。三国时期徐整所著的《三五历纪》，则较早地对盘古开天神话进行了详细记载。书中如此形容这位传说中的神祇：混沌中孕育出盘古，垂死化身，呼吸间的气体成为风云，声音变为雷霆，左眼化为太阳，右眼化为月亮，四肢化为高山支撑天地，血液化为河流，筋脉成为土地沟壑，肌肉是大地，头发与胡须化为星辰，身体皮毛化为草木，而牙齿骨骼化为岩石，其精髓化为珠玉，汗滴便是雨露，而人，则是盘古的身之诸虫遇风所化。

神话总是多元的。在长沙子弹库出土的楚帛书中，称伏羲为创世神，这使得伏羲成为中国最早有文献记载的祖先。在天地尚未形成之时，世界一片混沌，伏羲、女娲二神结为夫妻，生四子。后四子成为神，代表四时，四时之神合力开辟大地，世界进入了洪荒诸神的时代。传说，伏羲参《河图》《洛书》，并以玉圭推演八卦，衍生阴阳，从而奠定了文明的基础，各部落间分化融合，最终归于炎黄。这种创世观在汉代画像砖的伏羲女娲图中也得到

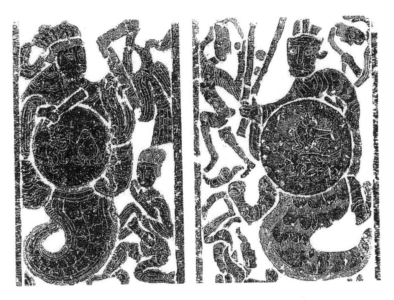

汉代画像石中伏羲女娲图

004
———
005

了充分的印证。说明尊伏羲、女娲为民族始祖的观念在春秋时代就成为主流，最终到了汉代，形成了从创世、天人、始祖、道德，到礼乐、伦常、君子等完备的民族文化体系。

　　成熟的华夏世界观认为，天地自然由一个无形的力量转化而生生不息，宇宙万物本为一体，山川大地并非无情，而人类则是这个整体生命中的一部分，是万物之灵。这种原始的天、地、人共生观念，成为中华民族独有的文化基因，并以此完成了上万年的文化演变，无极、太极、两仪、四象、八卦、风水、五行、中医均出于此，"天地有大美而不言"的美学思想也与此有着深层

玉道 ⚫ 玉之成

次的关联。而传说中与人类共生、盘古之精髓转化的珠玉，因伏羲与女娲共同的使用而成为了天地之间的神器。自中国的新旧石器时代直至夏商周文明的成型，玉器在民族文化形成过程中都起到了很重要的作用，并形成了中华民族独有的玉石崇拜，影响至今。

以天人合一的思想为基础，中国到了百家争鸣的春秋战国时代，"道德"思想逐步成为了诸家思想的中心，并与太极、两仪、四象、五行、八卦等上古萌芽的哲学思想融合，形成了以老子、孔子为代表的"道家""儒家"思想。天大、地大、人亦大；人法地、地法天、天法道、道法自然的哲学思想成为主流，而"道德"思想也成为了中国宇宙观、世界观、人生观、价值观的基础。老子后，中国两千多年的历史文明，历朝百家，所有的文化思想几乎都是围绕着"道德"在旋转。

一个民族对于起源的探索决定了这个族群如何认知世界，也是这个族群最初的处世哲学。与一神独大造天地万物不同，道生一、一生二、二生三、三生万物的"道"本位思想的宇宙观，具有对立中的无限包容和统一性，这铸就了中华民族是一个和谐统一的民族，试想一下如果没有老子道法自然的思想土壤，诞生于北印度的佛教及大乘佛法的种子，是否能够在中国茁壮成长呢？

敬天畏地

　　我们的祖先，在每个深夜望向天空。天亮之后，他将走向旷野，觅食、战斗。在黎明前的短暂时间里，他仰望天空，在深蓝天幕下开始冥想。天有日月星辰、风雨雷电，冥冥中操控着人间生死；地有山川丘陵、河流江湖，一年年供人们茹毛饮血。天地之间那令人心生敬意又充满恐怖感的力量，到底是谁在主宰？天来自何处，地来自何方，人又是从何而来？这样的思考，经历了一代又一代，直到文字出现，人们终于有机会将疑问和自己的解读，记录于典籍中。

　　《易经》里说："有天地，然后有万物。"还说："立天之道曰阴与阳，立地之道曰柔与刚，立人之道曰仁与义，兼三才而两之。"在中国人眼中，天地一直都是至高无上的存在。而作为天地之间主宰的人，只有敬天畏地、顺天应地，才能顺利地生存

玉璧

玉璧在远古时期是祭天的神器,

也印证着在古人的世界观里面"天圆"的认知。

下去。

天究竟是什么样子？地究竟是什么样子？天地究竟如何运行？古圣先贤不断探索，先后推出了"盖天说""浑天说""宣夜说"等解释。"盖天说"就是我们常说的"天圆地方"的概念。"浑天说"认为天地如同一个鸡蛋，天是卵白，地是卵黄。"宣夜说"则认为日月星辰与大地都在气上运行，茫茫无极。"天圆地方"的说法符合儒家的礼法，数千年来长期占据主导地位。"浑天如鸡子"的说法由一些古代天文学者所提倡，并不断被证明更加客观。"宣夜说"虽然更接近现代科学，但是在古代更像是文学家浪漫主义的想象，既缺乏验证，又不被大众所认同。

三种学说最初的起源都可追溯至周朝商周时期，也就是说早至商周时期，中国古代先民们已经开始在神话传说之外，追寻天地万物的本质——天地由何种事物构成，日月星辰如何运转，如何才能修成自然大道？

由此，中国古人们相信，通过一些特定的媒介和仪式，就能够沟通天地，获得例如战争、气候、洪汛、农事等国家大事与民生大事问题的解答。那自创世之初便产生的坚硬、美丽的玉石便成了贯彻这种天地人观的物质。

自然恩赐

　　一万年前，人们临水穴居、采摘狩猎，过着朝不保夕的日子。人的意识中除了生存，几乎没有精神的需求。直至一天，因为打造石器而发现了与众不同的美玉，玉石温润的质地如同膏油，叩击时可发出悦耳的声音，打磨后美丽的颜色让人悦目。人们纷纷用这些美丽的石头来打扮自己。随着文化意识的觉醒，人们开始思考，开始创立三观，于是玉石就成了感通天地、至高无上的宝贝。人们将玉石琢磨成通神的玉器，成为了巫师手中的法器，更成为了怀念女娲、祭祀天地的圣物。在玉与石分开的那一刻，神话的观念出现了，根据中国多处新石器时代的考古发现可以证明，玉器是中华民族最早的祭器，也是最高的价值载体。上古时期，人们认为玉石是盘古的精髓，是万物之灵。那么时至今日，当代科学又如何验证玉石的形成呢？这可能要从遥远的 140 亿年前的宇宙大爆炸说起。

地球形成模拟图

　　宇宙大爆炸后，宇宙不断膨胀，又经过100亿年，一个个星系形成了。星系的形成过程中，裂变出氧、氖、碳、硅等新的元素。而硅元素，便是星球中一切岩石的基本构成因子。

　　茫茫宇宙中存在着数不清的星系和星球，太阳和地球的形成并不特殊。超新星的爆炸导致星云坍缩成太阳，太阳吸引着周围的星云团、微行星以及尘埃围绕自己旋转，逐渐聚合成行星，这其中就包括地球。地球最初是低温的、气物混杂的不紧密球体，由于宇宙物质的冲击、放射性衰变致热和原始的重力收缩，地球的温度逐渐升高，成为黏稠的熔融状态。在旋转和重力作用下，熔融的物质不断运动并开始逐渐分层，这样地球就具备了地

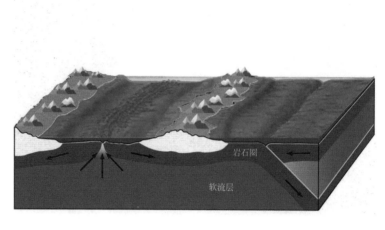

地壳运动模拟图

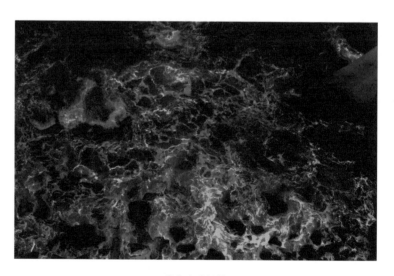

岩浆流淌场景

核——地幔——地壳的层圈结构。

大海经过地壳长期的运动演变成了陆地和高山；陆地上的岩石经过长期的日晒、风吹、雨淋被慢慢消磨破坏粉碎，之后被流水携带到低洼的地方沉积下来。高山变成了平地，平地变成了高山，用海枯石烂、沧海桑田来形容最贴切不过了。地壳不断运动，面貌不断改变，最终形成了现在的样子。

玉在很久以前同普通岩石一样，或潜于水底，或存于高山，或流淌于火山之内，或隐藏于幽谷之中。又是数十亿年过去，地球内部经历了很多轮次的结构变化，地壳在移动、火山在爆发，各种物质相互渗透。外部又经历太阳作用和气候影响，烈日暴晒、风吹雨打、冷暖变化。内外夹击之下，地壳里的多种物质便形成了不同类型的石类和玉矿。岩浆凝固形成玛瑙；高岭土遇到铜，形成孔雀石。尽管玉矿生成的地质条件十分苛刻，它需要一定压力、一定温度，在特定的地质环境中才能形成。然而，终究没有辜负天地造化之功，大地的舍利——玉石产生了。

地质学家和古生物学家根据地层自然形成的先后顺序，将地球历史分为 2 宙 5 代 12 纪。在十几亿年前的元古代晚期，地壳某些稳定的区域里已经有大量含镁质、碳酸盐集中的白云沉积岩，这是构成玉石的主要物质来源之一。距今 4.3 亿年的古生代奥陶

玉石矿脉图

纪，白云沉积岩被生物群覆盖，开始向生物化石转变，这是玉石变质阶段。距今 4.1 亿年的古生代志留纪，华力西运动塑造出欧亚大陆上的巨大山系，昆仑山、祁连山、秦岭、大兴安岭都是在这时候形成的，具有生物性的白云沉积岩在岩浆作用下成为白云石大理岩。

2.5 亿年前的古生代二叠纪，中酸性侵入岩和生物性物质沿着褶皱断裂不断侵入白云大理岩，形成透闪石化和阳起石化的蚀变，这种有机化的岩石已经是玉石的主要成分，这也被称为玉石交代蚀变阶段。2.5 亿年前到 1.5 亿年前的三叠纪和侏罗纪时期，地质结构渐趋稳定，我国主要山脉的有机化岩石逐渐发生生物解理，完全蜕变成有机矿物透闪石。1.35 亿年前的中生代白垩纪，造山运动又变得剧烈起来，而昆仑山、祁连山、秦岭、大兴安岭这些大型山脉更加稳定，玉矿也已经达到现在我们看到的状态。

玉石形成后，因为地壳的抬升运动，形成隆起的山脉，这些埋藏在山体内的玉石被称为山料。随着亿万年的风吹雨打，山体风化崩塌，一些玉石滚落山涧河流湖泊，继续饱受风霜，形成山流水料。河流溪水中的玉石，经受流水搬运，冲刷，表面的风化层被磨去，露出纯洁的内胎，变成卵石玉，即籽料。

时间是从 140 亿年前开始的，玉石，是时间留给地球最珍贵的礼物之一。它比人类的命运更加久远，承载的故事更多。它起源于宇宙的出生，同步于地球的形成，见证了恐龙的灭绝和人类的诞生，通过自己的质地、透度、颜色、光泽、韧性，记录着数亿年的沧海桑田和云卷云舒。

我们的祖先盘古，在开天辟地的传说中，将最精华的部分留给了玉石，这是对天地的敬畏，也是对大自然鬼斧神工的赞美。

当人类遇上玉石，一切便有了来处。

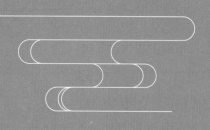

第二章

炼石补天

五色玉石中的密码

"

　　我们祖先的祭祀之山，和山上的五色石，
则逐渐化为心中的圣山与圣器。五色石这种独
特的文化符号和玉器的祭祀功能在新石器时期
红山文化考古发现中得到了证实。

"

创世之神的传说—女娲

　　中国人对女娲有着崇高的热爱，皆因女娲是抟土造人、炼石补天的民族始祖。

　　女娲造人究竟如何流传下来已不可考，但却已成为民族神话起源的一种共识：女娲见天地无物，便仿造自身形象以土塑人（这与《圣经》中创世纪的描述也非常相似），创造了人类，更进一步造出万物，令人类能够依靠自身在天地中生存。这一造人的历程不如"盘古开天"那般有明确的文字记载，更接近于代代先民的口口相传，足以想象是什么样的信仰能够强大如斯。

　　先秦典籍《山海经·大荒西经》中如此记载女娲："有神十人，名曰女娲之肠，化为神，处栗广之野，横道而处。"西晋时期的风水大家郭璞为此段做注："或作女娲之腹。"又说："女娲，

玉道壹玉之成

女娲造人

古神女而帝者，人面蛇身，一日中七十变，其腹化为此神。"

可以看出，女娲在《山海经》之中，便被认为具有器官也能化神的强大能力。而郭璞进一步补充认为女娲乃是人首蛇身的形象，一日之中有七十种形象变幻——这基本是中国古人对女娲形象的一个经典概念。而汉朝许慎所作《说文解字》也强调了女娲的地位："娲，古之神圣女，化育万物者也。"

女娲补天最早的记载见于《列子·汤问》。《汤问》是商朝君主殷汤与贤臣夏革的聊天记录，两人自太古初始起，畅谈天地之至理，宇宙之奥妙。列子在此篇中也借夏革之口，叙说了很多富于想象力的神话传说，其中便有女娲补天。商汤问夏革，四海之外是否还有其他世界？夏革回答，四海之外正如四海之内，万事万物互相包含，无穷无尽。但有天地为事物，是事物便有不足。例如女娲便用火淬炼五色石补天，斩断鳌龟的足部用来支撑天地四极。共工与颛顼为了争夺帝位，怒触不周山，使得不周山不足以再支撑天地，天地倾斜，日月星辰移至西北，而大地向东南方下沉，而河流也正是因此自西北流向东南，汇入大海。

西汉淮南王刘安主持编撰的《淮南子》中对女娲补天的神话也有描写："往古之时，四极废，九州裂；天不兼覆，地不周载；火爁炎而不灭，水浩洋而不息；猛兽食颛民，鸷鸟攫老弱。于是

玉道壹玉之成

女娲补天

女娲炼五色石以补苍天，断鳌足以立四极，杀黑龙以济冀州，积芦灰以止淫水。苍天补，四极正；淫水涸，冀州平；狡虫死，颛民生；背方州，抱圆天；和春阳夏，杀秋约冬，枕方寝绳；阴阳之所壅沈不通者，窍理之；逆气戾物、伤民厚积者，绝止之。"

这一段描写读起来难免生硬拗口，主要强调"女娲补天"对于构建整个社会和谐运行秩序的作用。在"往古之时"，天地四极倾塌，九州大地轵裂，大火蔓延不熄，洪水也泛滥不止。天地灾难之外，猛兽飞禽对人类的生存也造成了极大的影响。在此时，女娲淬炼了五色之石来补苍天，斩断鳌龟之足来支撑四极，最后使得天地恢复正常，大水退去，四时有序，阴阳有道，而人民得以休养生息。

《淮南子》对于"女娲补天"神话的叙事逻辑与《列子》几乎一致，在天地初始的洪荒年代，世间并不完美，先民们面对着很多可以说是"灭世"级别的灾难，是女娲通过"补天"，拯救万民于水火之中，使世间万物的运行逐渐趋于完美。区别在于《淮南子》中并没有出现共工和颛顼的身影。也许是因为《列子》所需要探讨的是天地至理，只不过是借神话来对现实做进一步的阐述，因此需要共工和颛顼的出现来解释为何整个九州地势由西北向东南倾斜。《淮南子》则是更为纯粹的神话描写，主要为了突出女娲强大的能力与对这个世界所做的贡献。

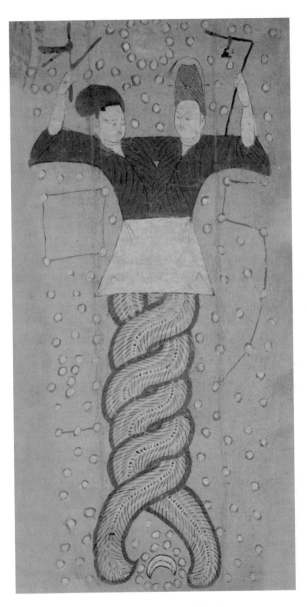

唐代绢画中的伏羲女娲交尾图

东汉王充在《论衡》中，取了《列子》的描述，但调整了叙事的顺序，如是说道："儒书言：'共工与颛顼争为天子不胜，怒而触不周之山，使天柱折，地维绝。女娲销炼五色石以补苍天，断鳌足以立四极。天不足西北，故日月移焉；地不足东南，故百川注焉。'"《论衡》此书将共工颛顼争帝位而怒触不周山调整到了因果关系的因这一段，使得女娲补天的行为有了理由，让整个传说实现了进一步的逻辑自洽，但却在某种程度上丧失了古人借神话所暗喻现实情况的深意。

从《淮南子》到《论衡》，无论是哪种叙事逻辑，都可以看出，女娲补天的传说在中国神话史中占据着重要的地位。中国只要是追溯到上古传说的书籍，多数不会绕过女娲补天，其故事的内核实在也是强调了人类与自然相辅相成的关系。人类想要繁荣昌盛，就需要找到与自然和谐相处的方式，而能够实现这种状态的诀窍，就在天地之中。

神话之外，现实之中

神话不是凭空出现的，它们来自远古祖先们的生活实践，是祖先们对于那个懵懂世界的认知。

旧石器时代晚期（距今 7.5 万年前~1 万年前），全球范围内的末次冰期结束，地球的整体环境突然发生了巨大的变化，气候回暖导致冰川融化，降雨骤然增加，水量的聚集迅速超越了山河自然的排水能力，形成了滔天的洪水。而回暖的气候使得野兽猛禽的活动变得范围广大，繁衍速度远远快过人类，人类还不是大地真正的主人，成为了兽群攻击的目标。在《淮南子》中的记载是"往古之时，四极废，九州裂；天不兼覆，地不周载；火爁炎而不灭，水浩洋而不息；猛兽食颛民，鸷鸟攫老弱"。

在这个特殊的时期，一定是出现了一个伟大的领袖带领着洪水中的人群走出了灾难，开创出了新的文明。时间逐渐久远，祖先的记忆和传说逐渐神话，于是就有了女娲炼五色石以补苍天的传说。

关于人类起源至今还未有一种确定的学说，目前世界有亚洲起源论、非洲多源论、非洲单源论、多地区起源论等几种说法。学者们发现，在全世界各民族的传说中都不约而同地出现了大洪水这一事件，以此联想，远古的地球可能发生了一场几乎令全人类灭绝的洪水灾难。

在西方文明的神话中，拯救人类的人叫诺亚。在《圣经·创

大洪水

世纪》中记载："大渊的泉源都裂开了，天上的窗户也敞开了。""四十昼夜降大雨在地上。洪水泛滥在地上四十天，水往上长，把方舟从地上漂起。""水势浩大，在地上大大地往上长，方舟在水面上漂来漂去。""水势在地上极其浩大，天下的高山都淹没了。""水势比山高过十五肘，山岭都淹没了。凡地上各类的活物，连人带牲畜，昆虫，以及空中的飞鸟，都从地上除灭了，只留下挪亚和那些与他同在方舟里的。""水势浩大，在地上共一百五十天。"

有的学者根据这些蛛丝马迹的记载提出，我们现在的人类文明有可能是第二次人类文明，第一次人类文明在一次席卷全球的大洪水中消失了。甚至有学者还大胆地提出了女娲和诺亚可能是一个人的假设，因为在古老的希伯来语中"诺亚"的发音是"努瓦"，"努瓦"和"女娲"的发音几乎是相同的！

让我们用文学的思维畅想一下后续：遮天蔽日的大洪水退去后，天空出现了彩虹，而女娲（诺亚）的方舟停在了巍峨的山顶，女娲和他的子孙们走出了方舟。女娲用这座山中独有的五色石头建立了一座祭坛用以祭祀天地，承诺人类不会再次伤害自然。女娲的子孙们顺着山脉和水流迁徙繁衍，成为了东西方文明共同的起源与传说。华夏文明始终牢记大洪水后祖先在祭坛上对自然的承诺和天地的密码，将祭坛上的五色石永远化为心中的符号，并逐步发展为在所居之地取石并琢磨成祭祀的神器，用以感通天地，礼敬四方。而我们祖先的祭祀之山，和山上的五色石，则逐渐化为心中的圣山与圣器。

五色石这种独特的文化符号和玉器的祭祀功能在新石器时代红山文化考古发现中得到了证实。

在红山文化遗址出土的文物中，以女神头像最为神奇。这尊头像是典型的蒙古利亚人种，与现代华北人的脸型近似。眼珠是用晶莹碧绿的圆玉珠镶嵌而成。女神头像的出土同时也印证了女神崇拜的痕迹，和远古流传下来的女娲传说，互为呼应。

红山文化女神像

如果大洪水和女娲补天的传说，是欧亚大陆共同文明源起的这一推论成立，那么，我们就不难理解世界文明起源的重要考古发现中什么为会有众多相同的符号与图腾崇拜的信息了，也不难理解中华民族的远古神话为何都与昆仑山有着神秘的联系，为什么中国人对美石有着如此深厚的情结了。在浩瀚的人类历史中，我们不得不感叹宇宙时空与天地万物之间的奇妙联系。

五色玉石，暗合五行

从成书时间不明的《山海经》，到最初完整记载女娲补天的《列子》，都明确提出，女娲补天所用为五色石，而这些能补天的五色石并不是普通的石头。首先，需要有五色之中的某种颜色，其次，需要经过淬炼。对于神话来说，只有在起源时代的人群间存在某种共通性、常识性的共识，典籍的记载才能如此清晰而又不谋而合。那么，这么珍贵的五色之石究竟是什么呢，必定不可能是普通的石头。

首先，共工所撞不周山，据考便是昆仑山。《山海经·大荒西经》中说："西北海之外，大荒之隅，有山而不合，名曰不周。"位于西北的高山，且终年寒冷，再加上昆仑山在后世神话中作为通天之山的独特地位，不周山想来处于昆仑山脉的可能性极大。而也有神话表明，女娲曾在昆仑区域活动。唐代李冗作《独异志》，其卷三中记载："昔宇宙初开时，有女娲兄妹二人，在昆仑山，而天下未有人民。"而西北作为补天神话中的天裂之地——现实中，末次冰期结束后，昆仑所处西北，冰川融化，这一地区应该是灾害最严重的地区，女娲补天炼石的地方，就应该在这里。

而昆仑之地，自古便盛产玉石。传统中国人对玉石的分类，便是以"青白赤墨黄"五色来区分，这极有可能并不只是一个巧合。所有的可能性，都指向了一个答案，即女娲补天之五色石，就是五彩美玉。而这五色玉石，之所以能够补天，其一是继承了玉是天地精髓的认知，其二是暗合了世界是由木火土金水五大元素构成的五行密码。五色暗表五行，女娲是炼取昆仑玉精之五行之气以补天地的缺失，从而实现人与天地新的平衡。这种天地人、阴阳、

玉石五色与五行对照图

五行的平衡观念，直接造就了夏商周文明起源时期的文明基础，成为中华民族的文化基因，而玉石也进一步成为民族的文化符号，这种认知，几乎贯穿整个中华文明的发展过程，直至今日。

先秦杂史《越绝书》说："夫玉即神物也。"所谓神物，自然是有灵性，且能够沟通天地。中国人对于天地奥妙的理解，总结出来，一为阴阳，二为五行，三为八卦。古人相信阴阳五行八卦之中暗含天地至理，通过演绎，能够推理出天地的终极奥义。这大概也是东西方文化的明显不同。西方人的最高追求是死后灵魂进入天堂，而东方人的最高追求，则是得证天地之道。

玉分五色合五行，中国最早将五色玉石的特征进行标准描述的，应是东汉的王逸。李时珍《本草纲目·玉屑篇》援引北宋时人的说法："王逸《玉论》，载玉之色曰，赤如鸡冠，黄如蒸栗，白如截肪，黑如纯漆，谓之玉符，而青玉独无说焉。"此段提到的《玉论》极有可能是最早的一部关于玉石的专门书籍，史书目录中有载，但具体文本现已失传，唯留下这一段对于"玉之色"的记述。

首先便是"白如截肪"的玉之白。明初曹昭的《格古要论》中说："白玉其色如酥者最贵"。古人善用比喻，"截肪"为动物的脂肪。明代晚期，确认了最完美的形容就是羊的脂肪，也造就了白玉之

和田白玉籽料

中，最为名贵的和田羊脂玉。以动物脂肪来比白玉，可见白玉的最佳上品应如动物脂肪一般，肉眼观之，纯白无瑕，高明度的净白，没有其他杂色，同时接触时手感温润，细腻，绵滑，不硌手。在五行之中，白色属金，《黄帝内经》中，金为白虎位，主正西，为白色。而恰好西边，便是出产上品和田羊脂玉的产地——昆仑山。

其次是"黄如蒸栗"的黄玉。蒸栗，顾名思义，是栗子蒸出的颜色，这种黄色与现代色板上跳脱的黄色并不一样，去皮后的栗子蒸熟之后，所产生的黄色明度较低，灰度重，暗沉、厚重，以蒸栗来表示的黄色，是中国的传统颜色。东汉末年，刘熙所作探求万物命名来源的《释名》一书中，便解释"蒸栗，染绀使黄

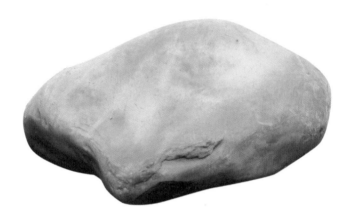

黄玉原石

色如蒸栗然也"。玉石色泽以"蒸栗"来形容，那便是古人最贵重的黄玉。明代高濂在其所作的《遵生八签》中批判时人："玉以甘黄为上，羊脂次之。以黄为中色，且不易得，以白为偏色，时亦有之故耳。今人贱黄而贵白，以见少也。然甘黄如蒸栗色佳，焦黄为下"。但黄色自唐朝之后，多为皇家用色，连带着黄玉少见于民间。更何况可称为蒸栗色的黄玉更为稀少，流传于民间的多为普通黄玉，质感远不如白玉，民间藏家可能也会有所误解。黄色，在《黄帝内经》中被归为中央黄龙位，属土。玉本源出土，而土属性，大概也是所有玉石的共同属性。

第三，是"赤如鸡冠"的赤玉。赤色属火，而鸡冠之红，异

传为"赤玉"的红玛瑙原石

常耀眼纯粹。现存的玉制品之中，通体赤红，称为赤玉的极为稀少，包括玉石原料，都极为少见。明朝初年《格古要论》就已盖章定论："赤玉，其色红如鸡冠者好，人间少见"。赤玉在历史上一定是切实存在，但由于产量稀少，随着时间的流逝而逐渐消失。汉代《说文》中称古诗词中常出现的"琼"即为赤玉。《诗经·卫风》如是说："投我以木瓜，报之以琼琚""投我以木桃，报之以琼瑶"。《卫风》作为卫国地区的地方民歌，流传于民间的民歌内容中出现赤玉的行迹，表明在春秋战国时期，赤玉颇具价值，也绝非少见。赤色乃正南朱雀位之色，五行属火，而中国最南端的海南岛简称正是琼。

墨玉原石

　　第四，乃是"黑如纯漆"的墨玉。墨玉纯黑，颜色如炭如墨，独有油润透亮的光泽。和田墨玉是软玉的一种，虽然颜色漆黑，但却具备玉石的一切特性，温润光洁、纹理细致。墨玉以全黑为贵，又分为白玉底与碧玉底，其中白玉底的墨玉较碧玉底更为珍贵，全黑的白玉底墨玉甚为少见，而质地较差的全墨色碧玉数量不少，在古时可作为石材使用。西安碑林中馆藏 1700 多件文物，百分之八十以上为富平墨玉所制。墨玉作为载体，承载着先贤的思想，历经千年，遗存至今。黑色乃正北玄武位之色，五行属水，水德尚黑，《史记·秦始皇本纪》记载，秦朝乃受命水德，因此秦朝以黑为尊。

青玉原石

最后，就是"独无说焉"的青玉。青玉在上古时期，应当有着尊崇的地位。迄今先秦及秦汉时代挖掘出土的佩玉，以青玉居多。红山文化的 C 型玉龙，出土的汉朝金缕玉衣，多为青玉制品，而据出土文物来看，《周礼》中所记载用以礼天的"苍璧"、礼东方的"青圭"也都应同属青玉。《吕氏春秋》中有所记载：天子"载青旂，衣青衣，服青玉。"据此可见，青玉在周朝时，应还是天子所用，地位崇高。明李时珍在《本草纲目》的《青玉》一篇中也说："按《格古论》云：'古玉以青玉为上，其色淡青，而带黄色。'"由此可知，在汉代以前，最尊贵的玉色不是白玉，而是青玉。青色乃正东青龙位，五行属木。

五行对照表

		五行	木	火	土	金	水
自然界	五音		角	徵	宫	商	羽
	五位		东	南	中	西	北
	五嗅		臊	焦	香	腥	腐
	五味		酸	苦	甘	辛	咸
	五色		青	赤	黄	白	黑
	五化		生	长	化	收	藏
	五气		风	暑	湿	燥	寒
	五季		春	夏	长夏	秋	冬
人体	五脏		肝	心	脾	肺	肾
	五腑		胆	小肠	胃	大肠	膀胱
	五窍		眼	舌	口	鼻	耳
	形体		筋	脉	肉	皮	骨
	情志		怒	喜	思	悲	恐
	五液		泪	汗	涎	涕	唾
	五华		爪	面	唇	毛	发
	五神		魂	神	意	魄	志

五行文化对照表

经过几千年的发展，五行文化已经发展成为融通伦常、周易、中医、历法、堪舆的系统文化，成为中华传统文化的基础，而玉也由"石之美者"的定位，进一步加诸传统文化价值观，成为五行文化最初的载体。

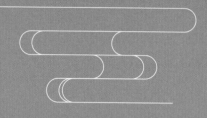

第三章

漫天星斗

星罗棋布的美玉

"

　　总结先秦时期典籍《山海经》《禹贡》《尔雅》等名篇，可以看到，古人已经归类出珣玗琪、瑶琨、球琳及璆四大美玉。虽书中记载距今已有数千年，但古今对照，竟也能找到某种联系。

"

从神话到现实，星罗棋布的玉石产地

在人类仅有石质工具的时代里，玉器，就已成为部落生活中最重要的一部分。在石器时代，尚未有明确的文字信息，但迄今被发现的古文明遗址，无不向今人展示着玉在祖先生活中的独特地位。那些深埋于泥土中的神秘玉器，拥有着现代艺术所难以企及的气象。独特的造型和纹饰，更是融合了人类最朴素的审美观念和对自然最丰富的想象。

黄河中游的北首岭遗址，出土了距今 7000 年的玉坠、玉球；长江下游的跨湖桥遗址，出现了距今 8000 年的玉璜形饰；长江中游的彭头山遗址，出土了距今 7800 年的玉管；辽河流域的兴隆洼遗址，出土了距今 8000 年的玉玦；乌苏里江畔的小南山遗址，出土了距今 9000 年的大量玉器。在生产力低下与交通不便的原始社会聚落里，先民们能够以一种较为便利的方式来获取原材料，而

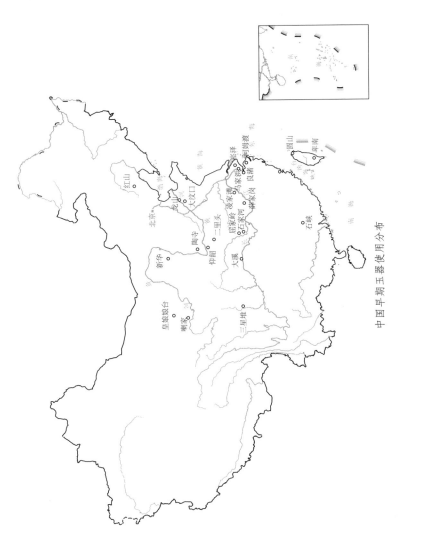

中国早期玉器使用分布

红山

北京

大汶口

龙山

陶寺

二里头

仰韶

新华

凌家滩 薛家岗 崧泽 河姆渡

大溪 屈家岭 石家河 良渚

阜南

凌阳

石峡

三星堆

皇娘娘台 喇家

这些早期文明遗址所出土的玉器，往往带有浓重的地方性色彩，玉料质量并不算高。但在那个年代，囿于生产力水平和人群的地理认知水平，他们并没有条件追求过高的审美价值，因此，方便获取、就地取材，会成为先民们取玉料的首要条件。在有限的资源里，他们选择最漂亮的石头进行加工。石之美者即为玉，从远古就奠定了中华大地多元玉文化的格局。

随着生产力的进步和活动范围的不断扩大，先民们已经不再需要把全部精力集中于生存之上，而是有余力和时间提升工艺水平，所使用玉器的原料质量，也有了逐步的提升。玉石的来源，也渐渐丰富。有学者推断，长江下游的良渚文化，所用玉器之中便有来自辽东半岛的岫岩玉，而中原地区的陶寺文化（有学者认为尧舜二帝可能为陶寺文化时期的人物），出现了来自西北的和田玉石。

到了先秦时期，古人已经发现了遍布于九州大陆的玉石产地。《山海经·五藏山经》中，记录了447座山，其中有182座山产玉，加上散落其他篇章的玉石产地记录，《山海经》中所记载的产玉地便已超过200处之多。

同样为先秦时代巨作的《尚书》，传奇性可与《山海经》相比，而权威性更高。虽然它的成书时间仍没有明确定论，但其中的第

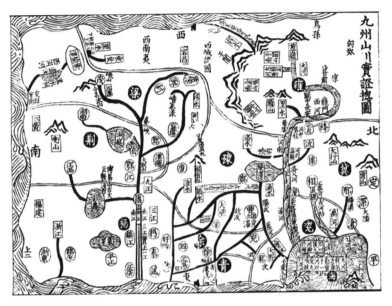

古籍中的"禹贡"九州

一篇《禹贡》在第一部分便将天下分为冀、兖、青、徐、扬、荆、豫、梁、
雍这九州,而其中有扬州、梁州、雍州三州产玉,青州出产某种"次
玉之石",也就是一种近似于美玉的石头。古代区域的划分与今
天不甚相同。扬州并非今天的扬州,而是长江中下游,如今江西、
浙江、苏南以及福建一带,还囊括湖北东部、广东东北部地区;
梁州则是蜀中之地,且有部分陕南、甘南区域;雍州位于西北,
横跨甘肃、青海、内蒙古与新疆。与《山海经》不同,可以看到,
在《禹贡》的记载中,产玉之地虽为天下九州之中三州,但是其
实就面积而言,已经覆盖了大部分现今我们了解到并且仍有原料
开采的玉石产地。更别说其中还有遗漏之处,比如现今贝加尔湖

东北、西南两侧有玉矿及玉制品遗存，虽如今在俄罗斯境内，但在《尚书》成书及流传的年代，这里应为冀州区域。不过《禹贡》这篇中对于冀州北部区域没有明确核实，因此最后书中也并未记录冀州所出之玉。

汉初的《尔雅》中则有提到"东夷之玉"，据考证其区域大致为山东、河北省北部、内蒙古东部以及东北三省这一片，这一地区恰好能对应上《尚书·禹贡》之中，青、兖二州及冀州之东北角一带。因此，《禹贡》之中所划九州，实则应有扬州、梁州、雍州、青州、冀州、兖州六地产玉。

九州之中，产玉之地，已然占据大半，星罗棋布，遍布于神州大地，伴随着中华文明诞生与成长，一步步走到今天。

从今天的地质学角度来看，虽然全球范围内玉石产地众多，但玉石的产地多集中在亚洲东部地区，而在中国区域范围内，玉石资源的丰富程度，也是远超其他地区。

玉初生，各不同

玉石源自于大地，其诞生的过程，可谓是万中无一。

亿万年前，陆地和大海之中的群居动物去世之后，遗体堆积，硅质骨骼化为软泥，在大自然亿万年的演变之中，历经着地震、火山喷发、陆地板块移动等剧烈的地质活动。玉石的生成条件十分苛刻，不仅需要岩石恰好能与硅物质产生化学反应，相互渗透，而且不同的温度、气压条件下，所需要的形成条件也不尽相同。唯有天时地利相互配合，并经过滴水石穿、日积月累的漫长时光，最终，才会形成形式多样的玉石。在这个过程中，但凡有一步之行差踏错，便无法成功由石化玉、脱胎换骨——玉矿成型不易，因此玉石便因稀少而更为珍贵。

俯瞰神州大陆，西高东低，地形条件复杂，自西北向东，中

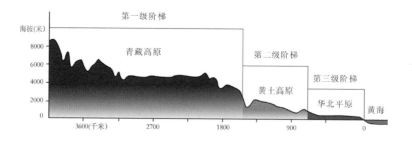

北纬36°附近中国地形剖面图

国地势可划分为三级阶梯，一二级阶梯以昆仑祁连一脉为界限，划分为高原与丘陵；二三级阶梯以大兴安岭太行山脉为界限，划分为丘陵与平原。复杂的地形条件表明了在亿万年前中国大陆正处于板块剧烈运动的地方，剧烈的地质活动为大量玉石矿藏的出现提供了绝佳的地质条件。其实倒也可以说，玉石产地主要集中在东方，是一种巧合，也是一种冥冥之中的一种注定。

玉石，主要分为软玉与硬玉。软玉又称闪玉，即是中国传统意义上的玉料。化学成分主要是含水的钙镁硅酸盐，含有透闪石、阳起石等系列矿物成分。透闪石是地壳中不纯灰岩或白云岩这两种沉积岩石，遭受接触变质作用的产物。阳起石是透闪石中镁离子被二价铁离子置换而成的矿物，块状、形状细密的阳起石，还被古人认为有药用属性。通常来说，闪石矿物的含量越高，软玉的质地也更好。矿物成分的不同使软玉呈现出不同的颜色，有白玉、黄玉、青玉、碧玉、墨玉等色。

硬玉，又称辉玉，今人更熟悉的硬玉种类，便是翡翠。硬玉的化学成分主要是钠铝硅酸盐，主要产地为缅甸，在古代中国的概念中，那是个西南蛮夷之地，因此硬玉在中国古代历史上并不多见，自清朝后，硬玉的价值才被逐渐发掘出来。

软玉与硬玉虽然外表看上去颇为相似，但实则化学成分有着极大差别。软玉为钙镁硅酸盐，硬玉为钠铝硅酸盐。不同的成分使得软玉和硬玉具有不一样的特质。玉的硬度高于寻常岩石，不易被日常生产活动划花，这也许是玉石被古人所珍视的原因之一，软玉的莫氏硬度在 6~6.5 之间，硬玉的莫氏硬度在 6.5~7 之间，相比较，铁的莫氏硬度在 4~5 之间，而不锈钢的莫氏硬度则为 5.5。另一方面，一般岩石的相对密度为 2.5~2.8，而软玉的相对密度为 2.9~3.1，硬玉的相对密度为 3.25~3.4，相对密度表示着岩石中重矿物的含量，玉石的重矿物含量远高于一般岩石，可见其形成过程对于产地重矿物含量的要求非常之高。从几个矿物的参数来相比较，可见软玉的莫氏硬度低于硬玉，相对密度也低于硬玉，这使得软玉在可塑性、便携性方面，对于硬玉有一定的优越性，再配合产地优势，软玉自然而然，也就成为了中国古代先民在挑选矿藏材料时候的首选。

软玉便是中国传统狭义上的玉石，但玉石的形成多仰仗于巧合，客观的玉石形成条件的不一致，使得软玉的外在呈现出不一

软玉和硬玉

样的颜色、质感。从《山海经》到《禹贡》，玉石产地的遗落，不排除有这样解释：最开始，古人对于玉的概念仅区别于岩石，只要不似普通石头那样容易被划花，且手感更为温润的岩石，统称为玉。而随着生产力发展的提高，人类智力水平与审美观念的不断发展，人们对玉的质量要求越来越高。以前某些被认为是玉石的原石材料，逐渐被先民所放弃，因此产出这些原石的地区也不再作为产玉之地被记录——就例如《禹贡》中，出现了"次玉之石"的记载。这表明，随着历史的发展，玉石的审美价值不断加强，原料的品质不断提升，直到今天我们可见的美玉，已经是古人不断淘汰后留存的精品，也是人类生产力在玉石生产上发展到极致的体现。

名玉出神州

　　中国古玉即为软玉，而软玉中最著名的一种，便是新疆的和田玉。和田玉同河南独山玉、辽宁岫岩玉和湖北绿松石（也有人说为蓝田玉）一同，被称为中国四大名玉。

　　总结先秦时期典籍《山海经》《禹贡》《尔雅》等名篇，可以看到，古人已经归类出球琳、珣玗琪、瑶琨及璆四大美玉。虽书中记载距今已有数千年，但古今对照，竟也能找到某种联系。可见证的是，玉文化的传承也正如中华文明一般，未曾间断。

球琳　西北之美者，新疆和田玉

白玉籽料原石

在《禹贡》一书中，球琳乃是雍州贡物，"厥贡惟球琳琅玕"。成书于汉初的辞书之祖——《尔雅》，在其《释地》篇中如此云："西北之美者，有昆仑虚之球琳琅玕焉。"据唐朝孔颖达求证，球琳乃是美玉，而琅玕则是石而似珠者也。雍州，即今宁夏全境及青海、甘肃、新疆部分地区、内蒙古部分地区。自古书中可知球琳，出于雍州西界，已至昆仑山。在今天，说起出产于西北昆仑虚的美玉，大多数人第一反应便应该是如今的四大名玉之首，最为知名的新疆和田玉。

昆仑山地区在中国神话体系中有着至高无上的地位，它既是共工撞毁的不周山，也是太阳神羲和启程的地方，是女娲炼石补

白玉回头报喜摆件

天之处，更是西王母的永生居所……《山海经·西次三经》云："西南四百里，曰昆仑之丘，是实惟帝之下都。"昆仑之虚（丘）是黄帝的下都，也是百神之所在的宫殿，而球琳，即和田玉，就产于昆仑之虚周围多处山之阳或其上下。昆仑号称万山之祖，而昆仑所产和田玉，自然便是当之无愧的名玉之首。在上古神话传说中，女娲就是在昆仑一带炼石补天，如此，五色石便极有可能是就地取材的和田玉石，最巧合的是，和田玉恰好主要有五种颜色。

西北一带，有些地质学家认为是古生代外火山弧地带，在地质活动时期，由于岩石圈的碰撞与挤压，使得地势整体抬高，形成了昆仑山脉，而外弧之外，也就是古大陆的海底形成了盆地。

和田碧玉籽料

早在寒武纪之前，西北地区便地质活动频繁，常有连续的火山和岩浆活动。频繁的地质活动使得西北地区有着丰富的矿产资源，盛产石油、黄金等珍贵资源。而对于玉石的形成来说，古大陆海底生物的骨骼沉积，使这一地区积累了大量的硅泥。频繁的地质活动则促使硅元素不断与岩石产生化学反应，最后形成资源丰富的玉矿。

和田玉石颜色非常丰富，据《新疆图志》记载，和田玉便有"绀（红青）、黄、青、碧、玄（黑）、白数色。"传统上，新疆和田玉乃是和田地区出产的玉石，但2013年国家调整了玉石标准，不再以产地定义和田玉，而是以玉石中的矿物成分来界定，只要

碧玉卧牛摆件

含 98% 以上的透闪石成分，便可称为和田玉石。

中国人用和田玉的时间非常之早，新石器时代晚期，在中原地区很多文化形态中就已经发现和田玉的使用痕迹。到了商代，中原王朝的王室已经可以大规模获取和田玉。而在周朝，和田玉已经成为政治生活和社会生活中不可或缺的珍宝。周王室重礼崇乐，周公作《周礼》以约束群臣与居民的日常生活规范，他们所以依靠的最主要的器物便是和田玉。当时玉器的形制、规格，都有明确的规范，而自天子之下，群臣如何佩玉，如何用玉，书中也都有明确的规定。

汉朝时，张骞通西域，从新疆到中原的商路打通，和田玉石也更为方便进入中原，也因此在这个时期，和田玉成为了中国玉石的主导材料。陕西历史博物馆珍藏的西汉"皇后之玺"印章，其材料便是上好的和田羊脂玉，西汉奇人东方朔曾作《海内十洲记》，也誉其为"白玉之精"。和田玉中的羊脂白玉，手感温润，色纯至白，千百年来，一直是中国传统中的贡玉首选，某种程度上来说，可堪称"帝王之玉"。

"球琳"虽主要指和田玉，但也包含了产自天山北坡的另一种绿玉——"玛纳斯碧玉"。这种玉石的开采历史也十分悠久，但出品成色均不如和田美玉。清朝时皇室用玉较多，便大量开采玛纳斯玉矿，后来乾隆时期宫廷玉器供给过多，便下令封禁玉厂，不再开启。

珣玗琪
东方之美者，
辽宁岫岩玉

同样是《尔雅》，在其《释地》篇中还有记载："东方之美者，有医无闾之珣玗琪焉。"两晋最知名的方士郭璞为其做注解释为："医无闾，山名，今在辽东。珣玗琪，玉属。"翻译过来便是称赞：所谓的东方之美啊，即是辽东半岛医无闾山所产的宝玉珣玗琪！

岫岩玉毛料

宋朝邢昺进一步解释珣玗琪为："《周书》所谓夷玉也。"可见，珣玗琪应当是周朝时期东北部少数民族所用的玉材，而这个略为拗口的称呼应当是东夷语的音译——也就是《尔雅》所称"东夷之玉"。

现今医无闾山位于辽西与辽东的交界，地名在《周礼·夏官司马第四·职方氏》也有出现过："东北曰幽州。其山镇曰医无闾。"但当代并未在医无闾山地界发现玉矿的踪影，推测产地应在医无闾山的东边，而在山界往东，辽东半岛东部，也确实有一个知名的玉石产地，所产的玉石，便是中国四大名玉之一的辽宁岫岩玉。

辽宁位于中国东北部，禹划分九州，东北一带为幽州，而辽宁便在其中。古幽州地界乃是亚欧板块与美洲板块的交接地界，在板块活动时期，地质活动应当比较剧烈，玉石的产生，自有其地质学基础。

普通意义上的岫岩玉，也称蛇纹石玉，以绿色为主。蛇纹石玉的硬度不高，莫氏硬度在 2.5~5.5 之间，即使在软玉之中，也是更软的那一类。并且蛇纹石玉的颜色容易随着时间的变化而变化，也就是跑色。岫岩有着丰富的蛇纹石玉矿藏，到今天在市场上，岫岩玉已经与蛇纹石玉画上了等号。

岫岩还有个地方叫细玉沟，那里产有上好的闪石玉，俗称为岫岩老玉。岫岩原生玉矿床产于岫岩县细玉沟沟头山顶上，成玉阶段距今约 2 亿年左右。与蛇纹石玉不同，这里玉石的矿物组成为由微晶透闪石（少量阳起石）集合体组成的单矿物岩石，含很

玉道⊙玉之成

岫岩玉竹筏摆件

少量的杂质矿物，其透闪石含量达95%以上。有油脂光泽，偏透明，硬度能达到6.30~6.50。这种上佳的玉石又称为"山玉"或者是"山料玉"。岫岩老玉的颜色多为黄白色、青白色，也会有极为稀少的纯白色，其中以黄白色老玉为上品。

两相比较，岫岩所出产的透闪石玉的平均玉质要好于蛇纹石玉，因此岫岩老玉的平均价格要略高于岫玉。但是蛇纹石玉中也有上好的出品，如琇莹玉矿所产的冰种，玉质细腻，水头更足，因此市场上的价值不低。

岫岩还有两种在河床之上出产的玉石，俗称"河磨玉""石包玉"，是山间的透闪石玉矿被风化裸露后冲入河床之中，再被带

岫岩河磨料

河磨玉夜游赤壁山子

起的泥沙掩埋，就这样躺在河水的底部，等待人类来把它们发掘。

　　在中国历史上，岫岩玉的使用时间非常之早。1983年，在海城小孤山仙人洞人类洞穴遗址中，出土了三件距今约1.2万年的岫岩透闪石玉砍砸器，几乎已经是迄今为止人类制作和使用的最早玉制品。在距今五六千年前，辽河流域活动的红山文化先民们所使用的玉料大多是当地的岫岩玉。《中国文物鉴赏·玉器卷》中对岫岩玉的使用有这样一段总结："几千年来，我国人民使用岫岩玉，从没间断过，最具代表的辽西出土的新石器时期红山文化玉器用料全部为岫岩玉。从商周、春秋、战国到西汉，一直到今天，岫岩玉制品随处可见。"

《尚书》划天下为九州，并记述其中扬州产玉为"瑶琨"。汉朝《说文》中将这一词分开解释，瑶为"玉之美者"，而琨为"石之美者"。古"扬州"地为长江中下游，如今江西、浙江、苏南以及福建一带，还囊括湖北东部、广东东北部地区，乃是百越或百越先民居住之所，这样，"瑶琨"很可能如"珣玗琪"一般，是古越语"玉"的汉字音译。古扬州地域，乃是现今的中国中东部区域，现代并没有再大量开采玉石和玉矿，但据考古发现，"瑶琨"极有可能有三个开采矿点。

第一个玉矿点是溧阳小梅岭，有学者提出这里便是良渚文化的取玉点。20世纪90年代在小梅岭重新发现了玉矿，出产玉石被命名为"梅岭玉"。梅岭玉品质不俗，其中透闪石含量高达99%，莫氏硬度为5~6，有白玉、青玉、青白玉、碧玉等品种，大致结构与和田玉石一致，毫无疑问堪称"美玉"，很有可能便是古代文献中所记载的"瑶"。

良渚文化玉琮，梅岭玉

第二个玉矿点是句容宝华山，此处极有可能是古时"扬州"先民的取玉之地。其出产的茅山石，极有可能便是"石之美者"，琨。《格古要论》卷六"珍宝论·石类玉"中曾记载句容茅山石："句容茆（茅）山石，白而有光。有水石，冷白色，或有水路，或有饭糁。色好者与真玉相似。虽刀刮不动。终有石性，不温润，宜仔细辨之。"明代的闻人诠、陈沂修纂《南畿志》，其中记载茅山石"即《禹贡》瑶琨"，康熙年间的《句容县志》称茅山石"次玉而坚润"，可见茅山石在明清时期，已经被人承认为"瑶琨"的一种。1998年，丁沙地遗址出土了玉下脚料，这些玉料的矿床即在宝华山，而宝华山属于茅山中的一个山峰，那么宝华山所产之玉就应为茅山玉。

良渚文化玉冠形器，茅山玉

凌家滩文化玉虎首形饰，瑶琨的一种

　　第三个玉矿点便是在安徽含山县的凌家滩古遗址。凌家滩文化遗址正属古扬州之北，遗址中出土了大量的玉器，玉料来源于本地，因此凌家滩遗址也应属"瑶琨"的取玉之处。

珠
美玉贡禹都

《尚书》载,梁州出美玉,名璆。古梁州地界,相当于现今的四川省、湖北省东部以及陕西、甘肃两省的南部。这些地区在近现代也没有产玉的记载,但此地区中的仰韶文化、大溪文化与三星堆文化,都出土了少见的黑玉玉器。《太平御览》有记载"蜀出黑玉",因此,"璆"有可能便是少见的墨玉。

但无论是仰韶文化、大溪文化,或是三星堆文化,出土的玉器质量都并没有特别高,与史书记载的美玉"璆"有出入,闻名

玉道 壹 玉之成

三星堆出土玉璧,璆

于世的金沙和三星堆出土的其他品类如青铜器、金箔，均十分精美，而出土的玉器质量却大大不如，因此也有猜想，同属西南地区，"璆"也有可能是缅甸所出产的硬玉——翡翠。

蓝田玉

蓝田日暖

玉生烟

现今有称中国四大名玉，其中新疆和田玉、辽宁岫岩玉与河南独山玉位列其三，而剩下其一究竟是蓝田玉，还是绿松石，则尚有争论。在华夏的文明历程中，蓝田玉的开采时间非常之早，同样在新石器时代，就有出土的蓝田玉制品。《汉书·地理志》便有记载为："蓝田，山出美玉。"

蓝田玉以出产于西安一带蓝田山而得名。古代的蓝田玉矿床至今尚未找到，现在开采的乃是蓝田红门寺村一带的玉矿。由于这一矿床是橄榄石蚀变而成的蛇纹玉石，因此蓝田玉颜色有典型的浅橄榄色，也就是带着淡黄绿色。蓝田玉的比重在玉石中较低，因此也是手感略轻，便于把玩。

蓝田玉毛料

　　传言和氏璧有可能便是蓝田玉，秦始皇所制传国玉玺，便乃是由蓝田水苍玉而制成。《太平御览》引《玉玺谱》载："秦传国玺，以蓝田水苍玉为之，刻鱼、虫、鹤、蟠、蛟龙，皆水族物。大略取此义，以扶水德。秦得蓝田玉，制为玺，八面正方，螭纽。"而各种史书中关于和氏璧流传的记载多有"奉""怀"等词，想来也只有比重较轻的蓝田玉，才能如此任人随身携带。

　　由于产地即在西安，蓝田玉石名气在唐朝时达到顶峰。盛唐的诗人们不吝惜将最华美的词句与最富丽的想象付诸于蓝田玉石之上。李商隐一句："沧海月明珠有泪，蓝田日暖玉生烟"便已是千古绝句。使得世人对于蓝田玉石，抱有了更多的幻想。

　　四大名玉之一独山玉，出产于河南南阳的独山，现今仍有玉石产出。独山玉质坚韧细密，细腻柔润，光泽透明，色泽较其他玉石更丰富，主要有绿、白、黄、紫、红、蓝六种色系。独山玉的使用历史也十分悠久，独山附近挖掘的新石器时代遗址就已经出土了独山玉制的玉铲，妇好墓也出土了独山玉制品。独山玉的硬度接近硬玉，作为生产工具倒也能发挥其独特功用。汉代以后，独山玉便大量开采，如今的独山之上，还有上千个古代采玉的玉矿遗址。

　　独山玉在古代一向被作为玉雕材料来进行使用，和氏璧的故事发生在古楚国，也就是现在产独山玉的地方。所以，和氏璧即是独山玉的说法也被很多学者所坚持。同样地，很多人熟知的北京北海公园所保存的元代渎山大玉海就是用独山玉制作而成。

独山玉毛料

玉道·玉之成

独山玉归乡山子

绿松石虽名为石头，却是一种名贵的美玉，颜色多为天蓝、碧绿、灰蓝、粉绿，极为稀罕。世界范围内来看，绿松石主要产于埃及和伊朗，在中国地区，古代湖北、陕西、新疆便有了绿松石产出，其中以湖北出产的绿松石品质最佳。早在新石器时代，绿松石已同青玉、玛瑙等宝石，成为了重要的女性饰品。二里头文化的墓穴中，曾经发现一条用绿松石镶嵌而成的龙形图案。在商代，绿松石也多用于镶嵌在铜器、漆器上作为装饰，出土的铜器、

绿松石毛料

商代绿松石人（正背侧面）

漆器多有发现。唐代文成公主入藏时，就曾带去大量的绿松石装饰物，现今在拉萨，也能见到很多绿松石制品。

　　美玉出神州，神州多美玉，以上所列，不过十之一二。华夏之地，幅员辽阔，物产丰富，亿万年前的丰富地质活动虽然给人类活动带来了灾难，但同样使这一片土地上蕴藏着诸多珍宝。这星罗棋布的玉石矿藏便是如此，中国人传统上喜玉爱玉，整个文化传统与精神文明更是与玉密不可分，这冥冥之中，竟还是有着玄妙的缘分。

第四章

首德次符

玉的质色之辨

"

从孔子借玉比德的"十一德"可以看出，孔子认为君子应有仁、智、义、礼、乐、忠、信、天、地、德、道这十一种品质。而以德为先，这也正是中国传统的任人取才观念。

"

辨玉之道，首德次符

天地清正，鸿蒙之初，洪荒时代的先辈们虽仍懵懂于万物，但是对于玉与石，如本能一般，已有了区分。如同《尚书》所记称，青州盛产"次玉之石"，如若没有上下好坏之分，又何来"次玉"一说？如若没有对玉石品质和对先祖的纪念与情怀，产自于神州西北的和田玉石，又如何突破遥远的路程与自然的阻力，东达中原，并成为真玉与国玉之说？

先民们在取玉、用玉的过程中，自然而然地衍生出一套对玉石的评判标准，而这种评判也随着社会的演变和人们对玉石的认知改变而不断地调整，这套标准一直在隐性的、约定俗成地执行着，从来没有被严格地用文字规定出来，直到1921年的民国时期，著名地质学家章鸿钊先生出版了一本名为《石雅》的书，其中介绍了古今中外各类玉石，并且首次总结性地提出了古人辨玉的标

章鸿钊

准："古人辨玉，首德次符。"并进一步解释道："先秦贵德不贵符"。至此，"首德次符"的辨玉标准被世人熟知，同时也引发了更进一步的讨论。

"德"和"符"是古籍中用来描述玉石的比较常见的两个字，章鸿钊先生特意选出这两个字，并指出古人是围绕"德"和"符"的关系来辨玉之高下的。在他的玉石评价系统中，"德"指的是玉的质地，"符"指的是玉石的色泽。"首德次符"指的是在用玉之时，最先要品评玉石的质地，接着再品评玉石的色泽，而质地的重要性要优于色泽。

章鸿钊先生的观点具有非凡的创造性和很高的学术价值，至今仍被广泛引用，但其中也有值得商榷之处。一是关于"德"与

"符"的定义，"德"指的是玉质，并没有太大争议，无论是管子还是孔子，在论述玉德时，所用的"温润以泽""邻以理者""坚而不蹙""廉而不刿""鲜而不垢""折而不挠"等等都是在描述玉的质地。

　　"符"字，章鸿钊先生解释为："若言符，则如王逸《玉部论》以赤如鸡冠，黄如蒸栗，白如脂肪，黑如纯漆，为玉之符是已。如今思之，言德尚矣，言符末也。"可见他认为"符"字仅指颜色而言。而实际上，"符"字在古籍中与玉同现时，意义更为广泛，《管子》中的"藏以为宝，剖以为符瑞"指的是吉祥的征兆和迹象，《三国志》中的"剖符授玉"指的是带皮的玉石，而《朱子语类》

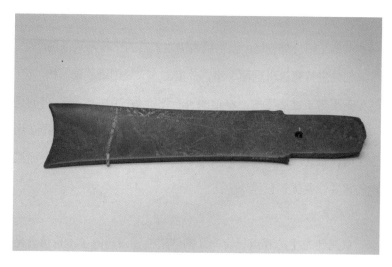

新石器时代玉璋，早期兵符的一种

中的"若合符节"则指的是一种象征地位和权力的凭证。实际上在上古时期，符是一种专门的玉器类别，类似于兵符。所以将"符"完全解读为颜色，似有偏颇。

早期的先民没有现代科学技术做支撑，辨玉无非是靠眼睛与双手，眼睛感受颜色和外形，双手感受质地。而结合上述引用的记载，"符"可能除了颜色，还包括外形在内。不过，玉石从原料到玉器，经过了多轮次的切割、雕琢、打磨，玉的外形一直在变，所以颜色成为"符"的主要内涵了。

章鸿钊先生在阐释"首德次符"的观点时，进一步说到了"先秦贵德不贵符"。先秦时期的最后阶段，尤其是管子、孔子等学者演说玉德之后，确实德比符更为重要。但是在漫长的史前社会以及夏商时期，"贵德不贵符"的辨玉标准并不符合实际的玉石使用情况。"德"与"符"之间的地位也是随着时代变迁而不断改变的，大致遵循了"先符后德"——"首德次符"——"德符并重"这样一个过程。

玉道⑤玉之成

识玉之道，德符交替

上古时代，人们尚未有余力对大自然的赠礼进行更进一步的琢磨，一切尚属蛮荒，先民们对玉石色泽的追求远胜于对材质的要求。五色石作为补天神话的核心，在一代代的流传中，是从未被舍弃的元素。五色石能够脱胎于普通石头，乃是由于五色代表着构成天地万物的基本元素：木火土金水。五色纳五行，礼五方，巫玉时代的玉器主要功能就是祭祀，所以将颜色作为玉材的首要选择标准就非常自然了。

自夏朝始，中华文明走向了奴隶社会，帝王自称上天之子。既然是天子，那么天子授命于天，天子用玉，自然是玉色越纯，越能证明玉之珍贵。一直到商周时期，颜色的选择一直要超过对玉质的要求。

中国最早将礼制规范落实于文字条框中的《周礼》，在《考工记》中有如此规定："天子用全，上公用龙，侯用瓒，伯用将。"这段文字中的全、龙、瓒、将，都是指玉石，并且是等级有区别的玉石。天子所用的"全"，是纯色之玉，天地最至纯的精华。分封公侯所用的"龙"，是含有杂质的玉，但品质也绝对是上佳，可谓"四玉一石"，也就是说若玉均分为五，其中四分为玉，一分为石，再转化为现代语言来理解，就是这块玉石中成分至少应有 80% 的玉成分。再下，侯爵所用的"瓒"，也是杂色之玉——"三玉二石"，也就是说玉石里应有 60% 的玉成分。最后，伯爵所用的"将"，是杂色之玉里面品质最为不好的玉石，玉的成分与石的成分各占 50%。虽然这条制度主要强调玉色，不过也已经

西周"三玉二石"人龙纹璧

玉道 ⑤ 玉之成

可以看出对玉质的极度重视。

重视玉色的观念在《礼记·玉藻》中也有所体现："天子佩白玉而玄组绶，公侯山玄玉而朱组绶，卿大夫水苍玉而纯组绶，士子佩瑜玉而綦组绶，士佩瓀玟而缊组绶。"意思是：天子以白玉为佩，用黑色的丝带相贯；公侯以山玄玉为佩，用红色的丝绳穿系；大夫以水青色的玉为佩，必用纯色的丝绳穿挂；士子用瑜玉之佩，需用杂色丝绳组系；士用美石作佩，应用赤黄色的丝绳相贯。

春秋战国时期，管子、孔子等先贤提出玉德学说，将玉料的质地比喻为玉德，将玉石与君子的德行紧密地联系在一起。玉石的质地使人联想到君子独特美好的内在品质，具体下来就是管仲和孔子所说仁、义、礼、智、信等"玉德"。因此选用玉石之时，上佳的玉石必定在"德"上尤为突出，手感要温润，质地要细密，声音要清朗等等。从此，主流社会人们开始对玉质的追求逐渐胜过对玉色的追求，质地温润细致的和田玉，也因君子文化的推崇而被称为"真玉"。儒家思想从西汉开始成为国家主流政治思想一直延续到近代中国，"首德次符"的辨玉标准也一直延续到近代。

不过，受《礼记》中天子佩白玉历史文化的影响，国人至今更尊崇白玉，而且认为玉料的白度越白越高级。不过除白度之外，

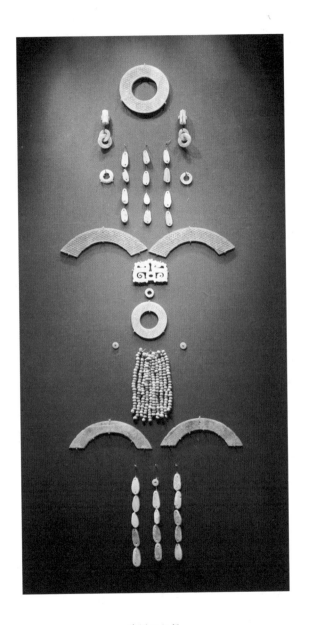

战国玉组佩

更有对润度、细度、净度的要求，最后各维度综合起来，素质最高的玉石才能获得最高的价值，如市场千金难求的"羊脂玉"倒像是质色并重的产物。

其实早在宋代，"首德次符"的标准已经在悄悄地松动，尤其进入明清，玉石资源更加丰富，更兼有出土古玉，多姿多彩的奇珍异宝和五彩斑斓的古沁玉让士大夫们痴迷，他们又渐渐"好色"起来。此时的玉器完全走出宫廷，进入民间，原本的玉德体系也受到冲击不再为广大民众所推崇。至此，玉德和玉符逐渐平衡起来。

进入现代社会，人们不断追求的是玉色与玉质能够兼得、融合的和谐状态。玉有五色，每个颜色的价值取决于个人的喜好，而玉质，则更容易用物理学方式来进行衡量，最典型即为分析玉石的矿物成分，如玉石中透闪石的含量、玉石的内部晶体结构等。而现代的玉石加工工业也是处于不断发展的阶段，除玉石本身的素质外，玉石的雕琢做工，也成为品评玉器价值的一个重要部分。

中华文明在不断发展，同时也在持续不断地丰富着玉文化的内核，今天的玉器早已不能再单独作为礼器、贵族用具或是士族饰品而存在。虽然"德""符"都是玉石的评判标准，现今也多数追求玉质与玉色的融合品质，但从中国历史的主体封建社会中

龙山文化玉钺，早期兵符的一种

看来，"德"从来都是在"符"之前，何况玉石文化到如今已不再是单纯的物品品鉴。玉器如今的整体价值中，文化和历史所赋予的道德情操价值远胜玉器本身的价值，因此，中国人传统中对于道德的重视，使得在玉器若不能"德""符"两全时，必是先取"德"而轻"符"。另一方面，由于个人的审美意趣，每个人对于颜色的喜好相差极大。在品评玉色之时，与评判一个人的过程一样，这种不一致的审美感觉使得在美感方面所有人都很难达成一个共识。而内在的"玉德"则不同，有着明晰的规范，是或不是，均可一一照应。

　　人们对玉质的追求一方面因为生产力的发展，提升了玉料的

古人佩玉图

开采能力，玉石产量的增加能够供给国家更多的选择，因此才产生了更为严格的对于玉石质地的要求。另一方面更重要的是，儒家将玉石的质地与君子德行相结合，提出了"玉德"的概念。玉制品从神坛中分离出一部分，在社会体系中，优质的玉石代表着君子之德，自然地，优越的玉质愈加受到追捧。

与能被明确看到的玉色不同，玉质同时是一个颇为玄妙的概念。儒家提出玉有"温润而泽、缜密以栗""印之其声清越而长其终诎然""气如白虹""精神见于山川"的特质，虽本意借玉喻人，但也可以看到，温润、细密、声清，是几个能够具象化的玉质特征，手感要温润，质地要细密，敲击之声要清朗，三者兼得，才是上佳的玉质。对于玉质中白虹之气、山川之精神等概念，即使在今天，也并没有办法使用科学化手段进行量化，更多时候还是需要依靠个人经历、见识和修养来进行解读，对玉器的品评过程，可以说是一个非常私人化的阶段。

拟玉之道，取才以德

长期占据玉石审美核心地位的"首德次符"评价标准不仅仅是由于鉴赏玉石而产生，更重要的其身后庞大的社会道德价值体系评判标准。从孔子的借玉比德的"十一德"可以看出，孔子认为君子应有仁、智、义、礼、乐、忠、信、天、地、德、道这十一种品质。而以德为先，这也正是中国传统的任人取才观念。

《说文解字》里将"人"解释为：天地之性最贵者也。也就是说，人，才是天地间诞生的最为宝贵的珍品。人与动物的区别便在于人产生了智慧，结成了社会群体。而一旦成为群体，必须要有其规范，才能使得整个社会群体得以顺畅运转。动物群体都需要有明确的规范，狮群、狼群、象群……都自有其传统和规矩，才能使得整个群体结成一体，以抵抗天敌，保证口粮和繁衍，何况是智慧和繁衍规模要远远高过动物的人类。

人类从远古走来，正是靠着社会规范对自我天性本能的束缚，才得以不断扩大社会构成，爬上食物链的最顶端，发展出自己的人类文明。克制与约束，并不是一种惩罚，而是智慧的象征。这也就是周公制定《周礼》的初衷，也是孔子一直努力想恢复的礼制。

战国时期百家争鸣，不同的流派对于人才的定义各不相同。墨家重术，有着高超技艺又能博爱天下的是墨家的精英。法家重法，法不容情、铁面无私的是法家高人。而儒家以"仁义礼智信"为核心，追求的是谦谦君子，温润如玉，此外还有道家、阴阳家、纵横家等等……各国选举人才无不出自名家，而各国君主对于人才的选举不拘一格。汉朝之后，罢黜百家，独尊儒术，儒家成为

古代的人才选拔

中国的正统思想，也因此儒家所代表的以"德"为本的人才观念，贯通了两千多年的中华历史。

孔子曰："质胜文则野。文胜质则史。文质彬彬，然后君子。"这是说，性情过于直率就显得粗鲁，礼仪过于恭敬就显得虚浮，唯有恰当的性情与礼仪，才是君子该有的样子。儒家在汉朝的代表人物董仲舒也称："质文两备，然后其礼成。文质偏行，不得有我尔之名；俱不能备而偏行之，宁有质而无文。"除儒家之外，墨家也有仁爱的要求，而道家也有以德为先的论述。《庄子·德充符》有所言："德有所长而形有所忘。人不忘其所忘而忘其所不忘，此谓诚忘。"可见在诸子百家的时代，主流思想都认可"文

古代的人才选拔

质彬彬"，以德为先。所谓"美"更多时候指的是优良的德行，而非出众的外表。

汉代王充的《论衡》中说："公侯已下，玉石杂糅。贤士之行，善恶相苞。夫采玉者破石拔玉，选士者弃恶取善。"又说："美玉隐在石中，楚王令尹不能知，故有抱玉泣血之痛。今或时凤皇骐驎以仁圣之性，隐于恒毛庸羽，无一角五色表之，世人不之知，犹玉在石中也。"这是直接把选玉的过程类比成筛选人才的过程了，并寄希望于明君慧眼识珠玉。

汉代独尊儒术之后的千年里，确实也把德行当成了朝廷取才

古代的人才选拔

玉
道
壹
玉
之
成

的重要标准，最为明显的即为自汉朝开始的"察举制"。察举制便是地方长官在任期内，考察地区内的各项人才，并推荐给朝廷的选官用人制度。分为岁科和特科，每个科目各有不同，岁科又有孝廉、茂才等科目，特科有贤良等科目。所谓科目，就是本次地方长官推荐人选的标准，所推荐的人选要参加的考试类型。历史上汉文帝曾要求举贤良，汉武帝曾要求举孝廉，这都是要求地方官员推荐相应的人才。察举制的取才制度在后世看来虽然有很多弊端，但在初期为朝廷推举了不少优秀人才。察举制的核心便是"德行"，无论是孝廉、贤良等科，还是专业能力要求更强的明经、明法、兵法等科，德行，都是察举的第一标准，唯有在德行上没有大过错的候选人，才能最终被朝廷所征用。

古代的人才选拔

可见，朝廷选人也正如选玉一般，首德次符，以德为本，唯有德行出众的人，才是传统文化中的翩翩君子。如果把一个人的德行比作玉质，把才能比作玉色，这种"首德次符"的人才观是否值得我们当代借鉴并传承呢？君子配以美玉在身，行路间玉石敲击之声清脆悦耳，在中华文明史上，回响千年不止。

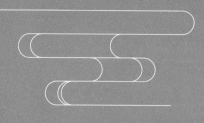

第五章

莽莽昆仑

玉中之王的所在

"

　　华夏民族早期一直有"西来说"的起源论调，
比如轩辕黄帝以昆仑为都，比如大禹出西羌，
甚至周文化和楚文化都有祖自西方一说，昆仑
山同华夏文明的起源确实有着千丝万缕的联系。

"

其光熊熊，其气魂魂

莽莽昆仑山，绵延五千里，耸立六千米，众多山峰积雪冰川覆盖，远远望去，如同一条白虎般横伏于中国西北大地，被称为中华"龙脉之祖"。昆仑二字，上下五千年来，不知承载了中华民族多少的奇妙幻想与遐思。

地理上，它是西部的主脉之山，统领着塔里木盆地、柴达木盆地、祁连山、天山等地形，涵养着青海湖、湟水河、天池、褡裢湖等湖泊，孕育着长江、黄河、澜沧江等大水系。文化上，它是传说中九天、西天、昊天的所在，是九天玄女、天帝、西王母的永生居所，是道家文化、儒家文化、佛家文化的共同圣地。

昆仑山有木禾、沙棠、视肉、文玉树、不死树、凤凰、鸾鸟，有后羿、嫦娥、大梵天、地母、斗姆、大日、大黑天、黑天王等神仙，

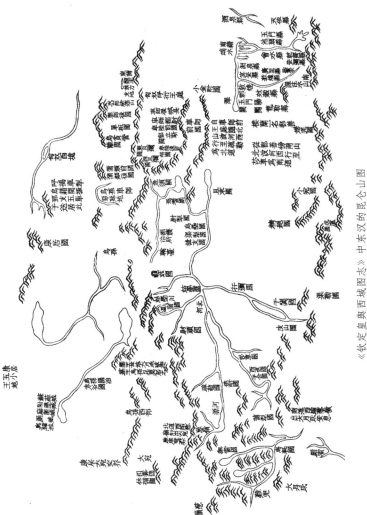

《钦定皇舆西域图志》中未汉的昆仑山图

玉道❀玉之成

有华丽精美的瑶池楼阁，有起死回生的圣物……在西方，传说中人类幸福欢愉的终极是天堂，是伊甸园，是迦南美地；在东方，幻想中一切幸福的终极便是昆仑。因此昆仑山有"中华第一神山"之美誉。

女娲补天的神话中，共工与颛顼为了争夺帝位，怒触不周山，致使天倾西北，地陷东南，才有了女娲炼五色石补天的缘起。不周山，在记载中便是在西北海之外，大荒之隅，相传是人界唯一能够达到天界的路径。在中国西北，放眼望去，最为雄伟壮阔的无非是昆仑山脉，再加上昆仑山一带盛产五色的和田玉石，环顾东方，再无一处比昆仑山更为恰当的契合女娲补天之处。

昆仑山，还是传说中天帝在凡间的都城，是《山海经》所言的"帝下之都"，这里地界方圆八百里，上高万尺，其中更有不同的区域供仙人生活。在昆仑山上，玉石来做石井的栏杆，生长着高大的木禾，有吃不完的"视肉"……物质丰饶，安静平和，全然不见世间的贫穷与灾难。但是寻常凡人无法进入天帝的属地，要进入昆仑，首先要通过能够燃烧一切的炎火之山，而炎火山之内，还环绕着可以沉溺一切的弱水，即使侥幸通过了炎火之山及弱水，还要经过人面虎身的陆吾神掌管的昆仑周边的园地，园地中圈养着食人的土蝼兽和钦原鸟，是昆仑帝都最坚实的防卫。即使是在神话中，能够接近昆仑的人也是寥寥无几。其中最为浪漫

清代《六经图》中的周穆王西巡图

的莫过于周穆王西巡，会见西王母。

在夏商周这先秦三朝，帝王将相或多或少都带有半人半神的能力。而周穆王，便是具有传奇色彩的周朝君主之一。他的统治时期是周朝最为安定繁荣的时候，时值周公旦以礼定天下，世间几乎达到了"路不拾遗、夜不闭户"的清平风气。穆王一继位，便野心勃勃地想要彰显周天子的威仪，御驾亲征四方，弘扬周邦之礼。古书上说："穆王东征天下，二亿二千五百里，西征亿有九万里，南征亿有七百三里，北征二亿七里。"古时的度量衡和现在不同，但也足见穆王征驾范围之广。这些功绩使周穆王在西征至昆仑山之时，获得了准入的资格，并且见到了居住在昆仑九

永乐宫壁画中的西王母图

天之上的西王母。周穆王与西王母的故事如今已成为中国文学史上的经典素材，据此衍生出来的诗词小说散文不胜其数。《古风》中便有诗云："荒哉周穆王，八骏穷万里，朝发昆仑巅，夕饮瑶池水。"周穆王和西王母之间到底只是简单的朝拜与主客关系，还是神女与天子之间的倾心爱慕，我们已不得而知，而西王母的形象却深刻地与昆仑联系到了一起。这位昆仑大神对周穆王盛情款待，穆王来到瑶池，同仙人们一同宴饮琼浆玉露，分别之时，西王母还调集人马，为穆王从昆仑取玉，穆王得以"载玉万车而归"。

周穆王与西王母的传奇佳话自然对后世产生了影响，让春秋战汉的帝王诸侯们无不倾慕，就连伟大的汉武大帝竟然为了比肩周穆王，而续写了自己与西王母的一段奇缘。在《汉武帝内传》中写西王母也接见了汉武帝，并赐予武帝仙界的蟠桃。足见昆仑众神及龙脉祖山思想对中原文化影响之深。葛洪《枕中书》将西王母这位上古之神纳进了道教的体系，称其为原始天王与太元玉女所生的天皇，是人类繁衍的始祖。而到如今，西王母逐渐演变成了道教正神玉皇大帝的正妻王母娘娘，其所居住的昆仑瑶池，也逐渐成为九重天之上的圣地，多少神话故事，就出于瑶池。随着西王母与道教的不断融合，道教对于西王母的神话地位愈加尊崇，昆仑山在以道教为内核的中华文明之中，是占据绝对中心地位的神圣所在，如同麦加、梵蒂冈、耶路撒冷等宗教圣地一般，

汉代画像石中的西王母图

是伫立在东方的民族文化圣地。

昆仑山雄伟壮阔的自然条件和丰富多彩的文化内涵，共同造就了波澜壮阔的昆仑文化。它反映的是古老的"天人合一"的理念，折射的是中华民族的诞生，是中华民族的精神寄托所在。

昆仑山脉，亚洲脊梁

现今，我们自然可以知道，昆仑并未分为九重，周围也没有炎火之山、三千弱水，昆仑的最顶峰上自然也没有仙人居住。但是，伫立在西北之上的昆仑，远观可见巍峨形状，山脉相连，一眼望不见尽头。晴空之下，昆仑雄壮巍峨，而浓雾之时，半隐半现的山脉，更增有一丝雄壮神秘之感。

昆仑山西起帕米尔高原，沿着塔里木盆地边缘一路向东，东接唐古拉山脉，途径中国新疆、青海、西藏和四川四省，沿途勾勒出青藏高原的轮廓，是高原地貌的基本骨架，最高峰出现在新疆境内，海拔约7700米。虽不如神话那般有着奇幻色彩，但是昆仑山脉的形成，也可以说是天赐的奇观。昆仑山脉始自古生代末期，以震旦系为基地，当时应当是有海洋下沉，伴随着丰富的火山活动。昆仑山脉的新构造运动相当强烈，在近现代，还曾有火山爆发的记录。经过历次的造山运动，昆仑山脉最终得以形成，整条山脉完整地横亘于亚洲大陆中部，也因此被称为"亚洲脊梁"。

以昆仑山、祁连山、横断山脉、喜马拉雅山圈起的青藏高原，直接决定了中国西高东低、呈阶梯状的地貌形态，而且隆起西南地势，改变了地球原本的大气环流方式，在它的北面形成了万里黄沙，在它的东面则形成了烟雨江南。昆仑山在早期中华大地人类活动的西极之地，象征着中国在西方的屏障，给予整个民族一种厚重的气质。

昆仑山脉高峰之上多有云雾缭绕，积雪封顶，雪线海拔在

昆仑山

5600 米至 5900 米之间。雪线之下，有干旱和湿润的两极，最干燥的地区年降水量不足 50 毫米，而在昆仑河源头的黑海，有终年不冻的昆仑泉，有清滢的湖水，成群的鸟兽。

　　昆仑山雪线之上是超过 3000 万平方公里的冰川，这使得昆仑冰川区成为中国的大冰川区之一，冰川融化之后的冰川水，是中国几条大河的源头，尤其作为中华民族母亲河的长江和黄河，均发源于昆仑山或其支脉。说昆仑山的冰川水滋养了几千年的华夏文明一点也不为过。但由于地势的陡峭，昆仑山的冰川融水对于山北的给养效用并不十分明显，不过对于干燥的塔里木盆地和柴达木盆地来说，昆仑山脉流下的河网，也是珍贵的生命之源。

昆仑雪山

昆仑雪山

与神话传说中不同，昆仑山的物产算不上特别丰富，植物以灌木类为主，野生动物也都是高原特有的藏羚羊、野牦牛、野驴等等。但唯有一样东西，仅产出此一样，便足以使昆仑不负圣山之名，这便是玉中之王，和田玉。

昆仑美玉——玉中之王

中国古代的蒙学读物《千字文》中第六句是"金生丽水，玉出昆冈"，意思是在云南、四川附近的河流里可以淘到金沙，在青海、新疆附近的昆仑可以采到玉石。这说明昆仑山产玉已经是连儿童都知道的常识。

在一些古代典籍中更有如下记载：《穆天子传》："至群玉之山……天子于是攻其玉石，取玉版三乘，玉器服物，载玉万只。"

《史记》："大宛在匈奴西南，在汉正西，去汉可万里。其南则河源出焉，多玉石，河注中国。""而汉使穷河源，河源出于田，其山多玉石，采来，天子案古图书，名河所出山曰昆仑云。"

《战国策》："昆冈在于阗国东北，出玉。"

《异物志》："玉出昆仑。"

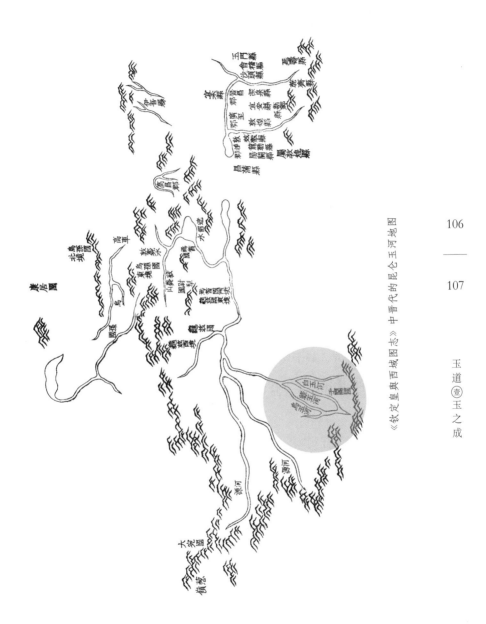

《钦定皇舆西域图志》中晋代的昆仑玉河地图

玉道⑴玉之成

《汉书·西域传》："于阗多玉石。"

《通典》："按此宜唯凭张骞使大夏，见两道水从葱岭、于阗合流入蒲昌海，其于阗出美玉，所以骞传遂云穷河源也。"

《西域行程记》："玉河在于阗城外。其源出昆山，西流一千三百里，至于阗界牛头山，乃疏为三河：一曰白玉河，在城东三十里；二曰绿玉河，在城西二十里；三曰乌玉河，在绿玉河西七里。其源虽一，而其玉随地而变，故其色不同。每岁五六月大水暴涨，则玉随流而至。玉之多寡，由水之大小，七八月水退，乃可取，彼人谓之捞玉，其地有禁，器用服食，往往用玉。"

《本草纲目》："玉有山玄文、水苍文，生于山而木润，产于水而流芳，藏于璞而文采露于外。观此诸说，则玉有山产、水产二种。中国之玉多在山，于阗之玉则在河也。"

《天工开物》："凡玉入中国，贵重用者尽出于阗葱岭。所谓蓝田，即葱岭出玉别地名，而后世误以为西安之蓝田也。其岭水发源名阿耨山，至葱岭分界两河，一曰白玉河，一曰绿玉河。晋人张匡邺作《于阗国行程记》，载乌玉河，此节则妄也。"

昆仑山产玉是古人和今人的共识。现代人把昆仑山一脉的矿床，东边所产玉石称昆仑玉，西边所产玉石称和田玉，二者的玉

青玉菊瓣纹双耳盖碗

　　矿均在昆仑山北部，直线距离约 300 公里。在古人的认知中，昆仑西侧的和田地区为产玉区。因为中国东部产玉的山区很少有大河，所以主要出产山料，而昆仑产玉的和田地区正好有大河发出，流水的切割、搬运作用明显，所以和田玉分别出在山上、山脚和河道。现代人把这三个地点的玉石分别称为山料、山水料和籽料，古人对和田玉的采集也经历了先采籽料，后采山流水，再采山料的发展历程。

　　在昆仑山，有两条玉河，多数时间中，采玉人便是沿着这两条河，来寻找沉积于河水之中的美玉，一条是玉龙喀什河，一条是喀拉喀什河。明代科学家宋应星依据古书，也将两条河分别称为白玉河与绿玉河,而现代则称为白玉河与墨玉河。两条河水自险峻的昆仑山中缓缓流下,各自携带着从山中风化脱落的玉石,以几乎平行的状态往盆地深处蜿蜒,最终在新疆和田一带汇聚成为和田河,向北而去直到汇入塔里木河。值得一提的是,古籍中所载的"绿玉河"其实是墨玉河。而"乌玉河"不知道是河道出现变化,还是后人的误解,目前已经不知所踪。

和田是两条玉河的交汇之处,也是两条玉河的下游,生活在附近的人们能够以最优的距离接近昆仑山所产的上好玉石。在月光明朗的晚上,有玉石堆积的地方河水会更加明亮,采玉人就是循着月光在玉河中发现上佳的美玉,这便是和田玉名称的由来。

和田玉石以五色著称,为白、青、碧、墨、黄五色。黄玉是地表水中褐色的铁矿物质渗入白玉中所得,其他青、碧、黑色是地壳运动时期玉矿与其他地壳物质产生反应所得。和田玉中多产白玉,其中最上佳的白玉,白如截肪,状如凝脂,通体洁白无瑕,手感醇厚,皮料表面油脂光亮顺滑,可谓之为"羊脂玉",是少之又少的珍品,在古时,便已是皇家所独用。现今出土的西汉"皇后之玺",就是羊脂白玉籽料所制,晶莹无暇,抛开其背后的历史意义,也绝对是当之无愧的无价之宝。

和田玉石因为透闪石含量高,所以明净透亮,因为少杂质,

白玉双鹅衔穗摆件

所以色纯无暇，因为矿物粒度细所以细腻，因为毛毡结构，所以温润顺滑。以上都使得和田玉石区别于其他玉石，成为玉石之首。所以有着强烈玉石崇拜的中原地区先民一旦发现了和田玉的资源，便如着魔一般，疯狂地通过各种渠道获取和田玉，即使远隔千山万水，即使面临战争威胁，也从未放弃。

当然，和田玉能够在中国成百上千的玉石种属中脱颖而出，还因其所蕴含的深刻文化底蕴。它出产在中华民族的龙脉之祖昆仑山上，并且跟中华民族起源的上古神话传说有着密切的关系，所以一被发现就披上了神秘的面纱。在中原王朝使用的过程中，它渐渐承担起表示等级和礼仪教化的责任。而和田玉所具备的温润、坚硬、通透、细腻、柔和等特质，又天然的与君子的形象相吻合，随着孔子等先贤的演绎，它成为有德之物，成为君子的象征。中华民族自古是一个含蓄内敛、勤劳智慧、温和细腻、坚强勇敢的民族，昆仑山所产的和田玉无疑是这种气质和精神的最佳载体。

和田玉石不管是从矿物学上所做的科学分析，还是其产出于昆仑所被加诸的文化意义，以及后来成为君子的象征，都是得天独厚的天赐至宝、玉中之王。

昆仑文化——华夏同源

作为中华民族的圣山，作为长江黄河的源流，作为玉中之王的产地，昆仑山很早就为先民所认知。数千年来，对昆仑山的探索从未中断，对昆仑山的赞美也从未止歇。

华夏民族早期一直有"西来说"的起源论调，比如轩辕黄帝以昆仑为都，比如大禹出西羌，甚至周文化和楚文化都有"祖自西方"一说，昆仑山同华夏文明的起源确实有着千丝万缕的联系。

《竹书纪年》中说："舜九年，西王母来朝，献白环玉玦。"这样的记载，意味着上古的虞舜之时，昆仑的西王母便已派使臣来到中原，为舜献上珍贵的白色玉玦。《穆天子传》则是更为详细地描述了周穆王是如何西达昆仑，得到西王母的盛情款待，并将大量的和田玉石带回中原。

汉代画像石中的西王母瑶池盛会图

　　也许现实并不如文学想象那样曼妙，但一切文学想象都基于现实。用现实的眼光来看，也许西王母和昆仑众仙，只是上古时期生活在西北地区的部族，在昆仑山一带活动。上古时期以母系为尊，因此西王母也许还具有部族首领的身份，而西王母为舜进献白玉珏，也能几乎完美地解释了在东方早期遗址出现的和田玉制品。古人对于现实经常会加诸非常浪漫的想象，炎黄部族与西南少数民族的部落冲突都可演绎为天地为之变色的炎黄蚩尤大战，那么周穆王与西王母部族的对外交流，能演绎成为昆仑之巅的瑶池相会，自然能让人信服。且西王母褪去了神话中的玄幻色彩，使得她与穆王之间的故事，更为真实和可信。

我们可以合理地想象，在那四五千年以前，随着社会规模的不断扩张，人类的活动范围也不断扩大，原本独立发展的文明在广阔的大陆之上找到了同伴，生产力的发展也使得先民有余力在闲暇之余提高自身的生活质量，大家开始交换自己生活范围内的特产。就这样，通过不同文化之间的交换，最终和田玉石经过漫长的征程，来到了中原，以其色纯、温润、细腻的上佳品质，胜过了中原本地玉矿所开采出的玉石，最终成为在中华民族史上留下浓墨重彩的玉中之王。

还有一种可能，就像女娲补天故事中所呈现的，中华文明缘起于昆仑女娲补天之所，而西王母与昆仑众神就是部族的延续。随着人口与生产力的提升，一部分人离开昆仑，沿着山脉向东方迁徙，逐步诞生一个个原始文明形态，直至中华第一个夏王朝的诞生。而无论是舜与西王母的交流，还是周穆王与西王母的相会，甚至汉武大帝的瑶池梦，都是一个强大文明在成长过程中与故乡的交流与反哺而已。遥望巍峨的昆仑，我们更相信后者。

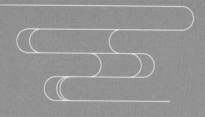

第六章

玉石之路

丝绸之路的前身

“

　　齐家文化遗址、新华遗址与陶寺遗址的时间几乎平行，几个文化聚落之间也有着联系和交流，在地图上用一条线将它们串起来，一条早期玉石之路呼之欲出。

”

《穆天子传》——奇幻的寻玉之旅

西晋咸宁五年（公元479年），汲郡（今河南汲县）人不准盗掘了一座战国时期的古墓，这次的盗墓行动出土了一大批竹简，其价值可谓是胜过万两黄金。竹简上记载了自夏朝开始，夏、商、西周以及春秋战国时期的历史，这批竹简是迄今出土的唯一没有经历过秦始皇焚书坑儒文化劫难的史书，某种程度上说，具有很高的可信度以及历史价值，竹简的内容经由官家学者进行整理与校订，这就是现今我们能见到的最早的史书之一《竹书纪年》。

也许，是由于成书年代较早，《竹书纪年》中的所谓"史实"记载带着浓厚的朴素奇幻主义色彩，与我们现在见到的一板一眼的正史不同，《竹书纪年》中很多故事与在华夏大地上流传的上古神话密切地结合在一起，整套古籍所呈现出来的是一个浪漫而又奇幻的先秦时代。在这些故事中，就有周朝最具神秘感的君

汉代画像石中的穆天子西巡图

主——周穆王平生事迹的完整记载。这部分内容后来被单独整理出来，便是很多中国奇幻文学爱好者所推崇的《穆天子传》。

周穆王，作为当时中国的最高统治者，不仅亲身征战八方，更是巡至西北昆仑之地，得以见到了掌管昆仑神界的西王母，与昆仑诸神一同宴饮，相谈甚欢，最终得神明相赠昆仑至宝——和田玉石，竹简上形容"载玉万车而归"，可谓盛况空前。

穆天子与和田玉石的缘分起始于天子巡游征战。成长于西周盛世的穆王决定效仿先王巡游天下，以宣扬西周的强盛国力。周穆王每到一地，便有以玉器为贡品的神祇献祭活动。当他西征至

周穆王时期的玉鸟纹饰

河宗之邦时，也按照往常的规矩，将玉璧沉入黄河之中，以玉器祭祀河神。投桃报李，得到献祭的河宗伯夭告诉穆王，在西方有昆仑之山，盛产稀世之宝和田玉石，非常值得前去求宝。听了河伯之言，周穆王决定加长此次西行的距离，前往昆仑"群玉之山"，寻找宝玉。

历经长途的颠簸与跋涉，穆王驾着八匹骏马来到了西方。在昆仑山一带，有当地人以宝玉相赠穆王，使得穆王坚信昆仑山之中，还有更为珍贵的玉石。在古人的世界观中，昆仑山脉是万山之祖，神秘而不可侵犯，也因此，即使是周朝王室自诩为"天子"，想要登上昆仑山，也必须挑选良辰吉日，诚心拜会。

西周玉鸟饰

穆王最终实现了他西征的最终目标，拜会了昆仑山的主人——西王母，并送上精心准备的丝绸贺礼。由《穆天子传》可以一窥当时的情景：西王母不仅允许穆王身为一届凡人进入昆仑神界，更是在昆仑之巅的瑶台设宴为周穆王接风洗尘。虽无明确记载，但是席间想来必定是琼浆玉液，觥筹交错，宾主尽欢。最后，西王母更是豪气地赠予穆王难以计数的昆仑美玉，使得穆王此次西征之行，收获颇丰。

剔除"周穆王西巡"这个历史事件中的神话因素，我们可以在脑海中隐隐勾勒出这样一个更容易用现代思维进行理解的场景：穆王西行虽说是巡游天下，但是更像是一场周王室征服四方

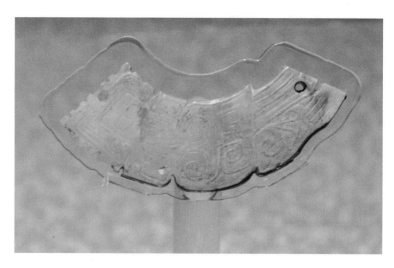

西周玉璜

边境部落的战役。除了征战之外，整个巡游的过程还伴随着多神祭祀的仪式，和初步商业贸易的开展。每到一地，穆王向当地部落赠送来自中原所出产的玉璧、玉圭等礼器，秀美而又精致的玉器有着浓厚的中原文化特征，与当时的边疆部族的玉器制作工艺相比较，想来是具有一定的优势，这种在一定程度上可以说是反向输出玉器制作技艺和玉文化的交流过程，使得周穆王一行人得到了这些部落的爱戴和好感。周穆王向西王母进献来自中原的上好丝绸，以换取优质的和田玉石，其实也完全可以看作先秦时期中原地区同西域昆仑一带部族间贸易的雏形。

　　《穆天子传》在某种程度上描绘的是周穆王一段玄妙和奇幻

的寻玉之旅。从中可以看到，早在西周早期，已经有一条隐隐约约的路线勾勒出了中原同昆仑地区的联系，这条路线以玉石作为驱动力，随着时间的不断发展，在整个中国的版图上，渐渐明晰。

玉
道
㊀玉
之
成

妇好墓的发现——玉石之路初见雏形

　　先秦的上古时期，王权与神权在某种程度上相互缠绕，彼此共生。不难理解，受生产力发展水平的限制，在人们对世界的认知还没有达到唯物阶段时，神学才能够解释世间能看到的一切现象。即使在科技大爆炸之后的今日，仍然有人认为科学的尽头是神学。时光倒推四千年，无论从哪本史书上，即使是正史如《史记》，对于夏商周君主的传说，无不带有玄幻色彩，仿佛洪荒之时，真是一个神仙满地走的理想年代，洛水有龟能献八卦图，西行昆仑，能有西王母扫榻以待……

　　周穆王作为周朝的天子，史书上对于他的记载本身也同样具有强烈的奇幻主义色彩。他到底是不是一个在位时期真的能亲身巡游八方的君主，目前还没有任何的实证。但是既然包括《竹书纪年》在内的史书都记载了他西行的往事，那么令人相信，不管

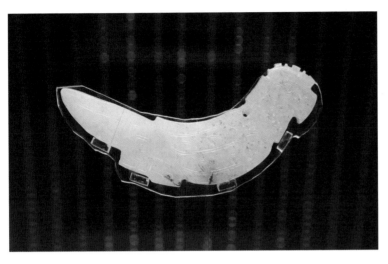

妇好墓出土的玉燕雏

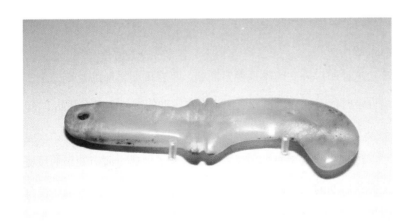

妇好墓出土的玉刻刀

妇好墓出土的玉马

是否穆王御驾亲征，至少在那个时期，是有这样大规模的周朝与边境各族交流往来发生。

这种的对外交流不是源于周朝，早在周朝之前的夏商乃至三皇五帝时代，这种以玉石资源为内在驱动的交流便已经开始。

1976 年，河南有一项考古发现震惊了世界。河南安阳的殷墟是商代后期的主要活动中心，当地群众对于这块土地的每次再行利用，也都会遵循先由考古学者进行考古测探的惯例。就是在一次例行的普通考古测探过程中，一个古墓将一段商代中期传奇，展现在了世人的眼前。

这就是闻名于世的殷墟妇好墓，这座古墓的主人，就是妇好。妇好是商朝天子武丁的后妃之一，但又不仅于此，她还是一位杰出的将领，一个前朝朝堂上的政治领袖。她之于商王武丁来说，不仅是情感上互相牵绊的夫妻伴侣，也是在家国大事上共同进退的事业伙伴，也因此武丁对于妇好的离世十分的悲痛，葬礼以王朝的最高规格举行，随葬的物品也是极尽所能，除了有大量的青铜礼器和石器，更有超过陪葬品数量一半以上的玉器。

　　妇好墓是殷墟范围内唯一一座保存完好的商朝王室墓葬，没有经历盗墓贼的搜刮，也因此能够完整呈现出商王室贵族生活的方方面面。在妇好墓出土的七百多件玉器中，除了出产于河南本地的南阳玉之外，还有相当一部分玉石通过成分检测与和田玉是一样的，即使不是出产于和田当地，也应该是昆仑山附近的区域。而妇好和武丁生活的年代距今超过 3000 年，这也说明了在至少3000 年前，和田玉已经在中原地区被王室大规模使用，甚至可以说是成为一种流行元素或者身份象征。这一事件比史书记载的周穆王西巡还要早上几百年，甚至也为周穆王的西巡创造了社会条件。

新石器时代遗址——更早的取玉探索

历史学和考古学上难言"最"字，新的证据总是会推翻旧的结论。通过殷墟妇好墓的发现可以推断和田玉当时已经为中原所用，可能一条断断续续的玉石之路已经初见端倪。然而仅仅几年时间，一些新的考古学发现，又将和田玉东进的时间往前推了一千年。

我们先回到刚刚说的那部史书《竹书纪年》，除了周穆王西巡昆仑山的故事，里面还有更多更早的关于昆仑与玉石的记载。如："舜九年，西王母来朝，献白环玉珏。"根据这样的记载，部落联盟时期的虞舜之时，便有昆仑之玉来到中原。而苦于没有现实的证据，我们只能把这些文字的记载，当作是先民的文学创作。

二十世纪七十年代末，考古学家陆续在一些新石器时代的遗

皇娘娘台遗址出土玉璧

址中发现了和田玉的踪迹。它们有属于齐家文化的甘肃武威皇娘娘台遗址和青海民和喇家遗址，属于龙山文化到夏代的陕西神木新华遗址，有属于龙山文化到夏代的山西襄汾陶寺遗址。这些发现无疑为早期古籍中的记载提供了有力的佐证，也说明那条在商周时期已经逐渐清晰的玉石之路，有更早的源流。

　　齐家文化所发现的和田玉石制品，并非是实用的器物，而是已经经过仔细打磨与雕刻之后的玉璧、玉琮、玉钺、玉牙璋等祭祀类的神器，玉器的社会功能已经远远超乎其实用价值，也不再单纯作为装饰品而存在。在齐家文化的玉器使用习惯中，已经能隐隐窥见阶级分层的影子。可见，在齐家文化之前，这一地区的

喇家遗址出土玉环

人民至少应该有过一段时间的用玉历史，不然不会培养出如此讲究的用玉习惯。和田玉籽料的获取其实并没有什么难度，在数千年前，仍在进化中的人类就可以轻易地从河床之上获得和田玉籽料，但当进入文明社会，单纯河床中的籽料已经不再足以供给使用，从齐家文化伊始，和田玉的价值就已经开始被中华先民们所接受，这也就是尽管需要不顾危险地深入山中，也有先辈们拼着命开采出一条从西北至中原的玉石之路的原因。

玉石之路的源头在昆仑，途径陕北和晋西北，这里是新华遗址上先民的活动范围。新华遗址中，发掘出大量的玉器，有一处遗址摆满了玉器，有玉璧、玉璜、牙璋等典型的祭祀之物，应当

新华遗址出土玉铲

是先民的祭祀场所，这些玉器经过检测，构成与和田玉非常类似。

再往东，就是到达了中原地区的陶寺文化遗址。陶寺文化是在黄河中游地区，社会体系已经高度发展到一个相当成熟阶段的社会文明。在整个面积约 300 万平方米的陶寺遗址中，有世界最早的观象台，气势恢宏的宫殿，还有独立的粮仓和手工业区域。种种迹象表明，这几乎已经是一个成熟的人类文明社会。明显的阶级区分，也使得多数专家学者认为，这里，或许就是尧舜时期的帝都，是中华文明的源头所在。

陶寺文化出土的玉器是一个非常庞大的量级。就种类而言，

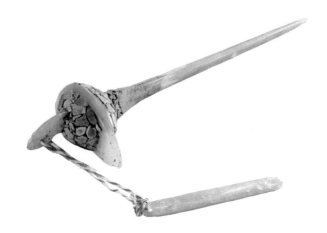

陶寺遗址出土玉骨组合簪

陶寺遗址出土玉环

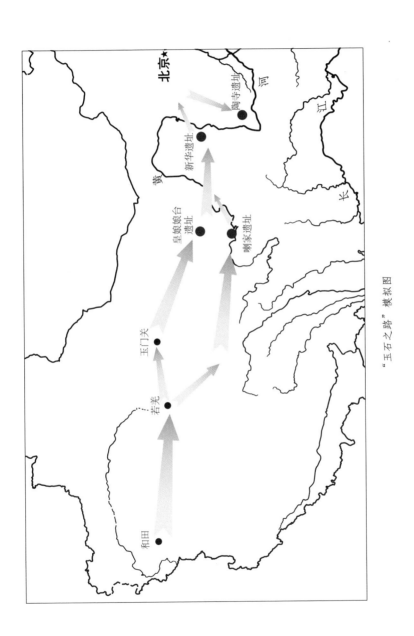

"玉石之路" 模拟图

玉
道 壹 玉
之
成

有玉钺这样抽象的玉质兵器，有几乎每个上古文明必有的玉圭、玉璧等祭天礼器，还有大量玉簪、玉环等玉制饰品。在这些大量的玉器中，至少有20余件，已通过检测确认为和田玉制品。也令后人知道，在所谓的尧舜时代，中原的文明已经开始使用和田玉石，在人类文明初露曙光之时，东方不同文化之间，已经为今后的融合，打下了基础。

齐家文化遗址、新华遗址与陶寺遗址的时间几乎平行，几个文化聚落之间也有着联系和交流，在地图上用一条线将它们串起来，一条早期玉石之路呼之欲出。

以玉之名——古老文明间的初次见面

在亚欧大路上，有一条名字优雅唯美的道路——丝绸之路。这是德国学者李希霍芬所提出的概念，这条东起长安，西达地中海沿岸的通道，是东方与西方之间贸易的命脉。通过丝绸之路，东西方之间相互交换丝绸与香料等物品，这是人类大历史中不同文明间文化互相影响、相互融合所不可或缺的部分。

但是早于丝绸之路两三千年，在东方中国与中西亚之间，便已经有一条商贸的路线，可称为玉石之路。

玉石之路最早的完整记载可以见于《穆天子传》，作为周穆王寻玉之旅的完整记录，《穆天子传》中也勾勒出了一条中原文明与西方文明间相互交流与贸易的线路。刬除掉神话色彩，《穆天子传》更有可能是属于先秦时期商贾前往中原各方贸易的所见

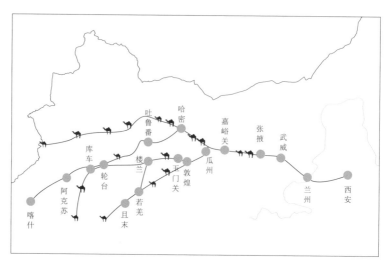

陆上丝绸之路示意图

唐代壁画中的张骞通西域图

所闻。在书中，明确记录了自中原至昆仑山北坡一线的道路。且更有前往昆仑采玉的记载，根据《穆天子传》，可见在先秦时期，玉石之路的明确的初版轮廓已经被描绘出来。但在这个时候，初版的玉石之路上依然遍布着自然风险与少数民族的威胁，中原地区对于和田玉石的获取依然十分艰难，主要依赖于单一的玉石贸易。在这条贸易线路上，来往的多是羌人与月氏人。月氏部落发展于商周时期，从商周至汉朝一直是西北最强大的游牧民族部落之一。与其他游牧民族不同，月氏人擅于贸易，而从昆仑至中原的路上，大部分所经过的便是月氏人的地盘。在先秦典籍《管子》中早有记载"玉起于禹氏之边山"，"禹氏不朝，请以白璧为币乎"。月氏人牢牢把控着西北的玉石贸易，西至昆仑与采玉人贸易，再翻越天山，在河套地区贩卖。来来往往，走过几千年的时光。

玉石之路的变化乃是由于张骞出使西域。张骞一行打通了西北的要塞通道，更重要的是他背后的汉朝铁军扫平了草原上的障碍，大量的中原人士可以畅通无阻地前往西北进行玉石贸易。也是在这一时期，玉石之路上，中原人由单一的玉石贸易购买者，直接参与到了采玉、运输、贸易的全过程。也正是在汉武帝时期，和田玉石开始大量流入中原。和田玉作为重要的玉种，在中华文明的发展史上占据了自己的一席之地。汉朝宗室有惯用玉的习俗，在河北满城、江苏徐州的汉朝王族汉墓中，均发现有昆仑美玉的踪迹。可见，在汉朝时和田玉的使用范围扩散之广，在长安之外

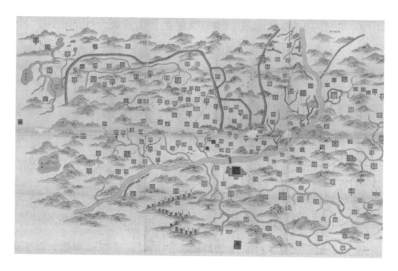

清代《甘肃舆图》中的玉门关位置

的地区，也都用上了和田玉石。汉代的玉石之路，路线非常明确：沿着昆仑山北坡行走，至鄯善国分为两路，一条经若羌、墩里克，穿库木塔格沙漠东行，至甜水井去玉门关。这条路也是马可波罗所走的路。另一条则途径知名的楼兰古国，经由罗布泊（汉朝时期的罗布泊）东北岸的土垠，穿龙城，走白龙堆，越三陇沙，至后坑，最终入玉门关。后一条是西汉时期最重要的运输通道。到东汉时，相关通道的据点有所改变，这条道路也成为东汉至清朝，两千多年中原与西北地区最重要的玉石贸易通道。

到了清朝时期，封建王朝进入全盛时期，清廷对于新疆一带拥有了绝对的控制权，官府垄断了玉石开采。至此，玉石之路不

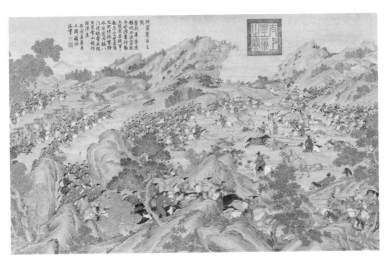

清代《平定回部得胜图》局部

再成为内外交流的贸易通道，而是成为了中国国土的一部分，昆仑之玉，能够更为便利地于中华大地之上流转。

　　"驰命走驿，不绝于时月；商胡贩客，日款于塞下"，《后汉书》所描述的玉石之路，在漫长的时光中已经被掩盖于大漠的风沙之下。在这条道路上，那些来来往往的采玉匠人与玉石商人，已经与在这条路上来往运输的和田玉石精魂相融，成为中国玉文化的重要组成部分。

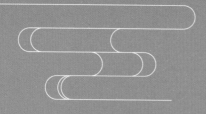

第
七
章

无处追寻

失踪的海外玉文化

在整个人类发展史上，唯有东亚玉文化传承没有中断且逐步壮大。中美洲玉文化与南太平洋玉文化都在文明的发展中走向了失落。

环太平洋，全球三大玉文化圈

    玉是凝结天精地华的珍宝，虽然难见，但在这个诞生着一切奇迹的星球上，也不会只有一处产地。环绕着太平洋这片地球上最大的海洋，伴随着人类文明曙光的初现，不同的大陆育化了三大玉石文化，分别是东亚玉文化圈、中美洲玉文化圈与南太平洋玉文化圈。按照时间来排个文明的年纪大小，最资深的便是传承了近万年从未断续的东亚闪玉文化圈，其次便是神秘的中美洲辉玉文化圈，最年轻的，自然就是淳朴厚重的南太平洋闪玉文化圈。

    东亚玉石文化圈是以中华文明起源地为核心，辐射到周边的东北亚、东亚、东南亚和部分中亚地区所形成的玉石文化圈。玉石文化作为中华文化的核心组成部分，伴随着中华文明向外辐射，中国人对于玉石的独特态度也影响到了周边地区。随着社会文明的不断发展，在受到中华文明深远影响的整个东亚文化圈中，玉

世界玉文化圈分布示意图

石文化也是非常重要的组成部分：在东亚，朝鲜民族与大和民族两个主要的文化主体同样以玉为尊；而在东南亚，作为硬玉的翡翠，更是蜚声现代宝石界，成为占据绝对主流的重要宝石之一。中美洲玉文化圈是以中美洲墨西哥地区为发源地向外传播。中美洲一带也是人类文明光辉最初闪耀的地点之一，虽然中美洲文明令人遗憾地并未得到延续和传承，当地先民们艰辛建造的城堡和发展的文明，早被掩盖在了雨林的深处。但也正是由于文明的失落，美洲早期文化因为神秘而更加引人瞩目，引起人们无限向往和探究欲望。在这里，以奥尔梅克文明为起点，历经玛雅文明与阿兹特克文明，神秘的玉石也同样成为了串联不同时期文明的传承之钥。玉石制成的器物在中美洲文明的遗址中不断被发现，数量之多令人震惊。尽管中美洲玉文化出现了断层，但丰富的数量、精致的工艺和独特的造型都令人相信玉石器物在中美洲文明中同样具有不凡的地位，这是在大洋彼岸自成一体的玉石文化，历经千年的发展、传承与遗忘，最终形成了独特的中美洲玉文化圈。

南太平洋玉文化圈发源于遥远的南半球，主要的核心范围是新西兰的南岛。南太平洋的玉石文化无论是形成的时间、规模和文化内涵，都远不如中美洲玉文化，更遑论东亚玉石文化。这里的玉石通常会被称为毛利玉，因为主要是由新西兰南岛当地的土著居民毛利人寻找和制作的，玉制成品有着浓重的毛利人土著文化特色。南太平洋玉石文化圈的形成过于年轻，年轻到距离现代社会的形成如此之近，使得人们不再受困于地理和时代上的距离，能够更为深入地去了解和认知。

亚洲、中美洲、南太平洋，相隔何止千里万里，但对玉石文化的建设又是这样不约而同。也许人类文化的诞生还真有其共通之处。

奉玉以灵——中美洲玉石文化

有这样一个传说，商代末年，一些臣子和民众不满商王的残暴统治，决意寻找一块新的土地重新开始生活。他们一路向东远渡重洋，来到了中美洲地区，在大洋彼岸的热带雨林之中，重新建立起一个新的灿烂文明—奥尔梅克文明。这个文明有完整的天文学体系，在丛林中修筑了大量精致而华美的建筑，也许还有一套完整的社会体系。千年之后考古学的蛛丝马迹已经表明，这是一个高度发展的社会文明。但是令人疑惑不解的是，有关奥尔梅克文明的所有一切都并未继承下来，在文明逐步走向辉煌之时，却又十分突然地消失，使得后人再无从寻找文明缔造者的踪迹。他们从哪里来，最终到了哪里去，只能留给后世猜想。奥尔梅克文明大量的遗存被掩藏在茂密的雨林之中，玉石制品，便是其中重要的组成部分。

玉器是否具有礼仪性，是这个文明是否拥有玉文化的一个标志。和中华民族一样，在中美洲的文化发展史中，玉器早期也曾作为礼器而出现，恰恰发现于奥尔梅克文明的遗址中。

　　奥尔梅克文明，也被称为奥尔梅加文明，就目前所发掘出的遗址来看，可以算是中美洲文明的始祖。奥尔梅克文明的神秘之处在于突然出现又突然消失。用考古学方法进行年代检测可以得知，奥尔梅克文明的活跃时间起始于公元前1200年前后，那时正是中原大地上的商周之交。约公元前1046年，周王伐商，取而代之，商部落因为丢失了王权而陷入混乱，与此同时，在遥远的中美洲，丛林之的奥尔梅克文明骤然而起。之所以"突然"，是因为迄今

奥尔梅克文明玉版

为止，没有任何考古发现能显示出奥尔梅克文明发源和演变的过程，这个文明仿佛一出现便是全盛时期。也正是如此，才会有学者认为，也许在这一时期，中美洲的土地上迎来了一批远道而来的客人，他们在这里扎根、繁衍，延续着曾经的生活习俗。

　　在奥尔梅克文明的遗址中，发现了大量的玉石制品，包括在中原遗址中众人所熟悉的玉斧、玉钺等器型。而且，这些玉制品上有很明显的神像雕琢纹饰，证明这些器物很有可能是没有实际用途的，而仅仅是一种礼仪性的用具。奥尔梅克人的尚玉习性不止于此，除了玉质兵器之外，当地还出土了玉人以及玉面具，这些玉人与玉面具的做工十分精美，仔细看来还有一丝中国先秦玉

奥尔梅克文明玉人面

奥尔梅克文明玉圭形器

石雕琢的朴素风格。更为重要的是，在祭坛之中还发现了类似玉圭的玉制品。玉圭是先秦时期社会阶级的代表物之一，而类似器型竟然能够出现在万里之外的祭坛之中，到如今也说不清楚是否只是历史的一个巧合。

奥尔梅克文明还会将玉石面具用于殉葬。古老的印第安人祖先同华夏先民一样，认为玉石这样翠绿的石头，是天地赠予的礼物，死后用玉面具覆面，能够帮助逝者前往另一个世界。这与中国先秦时期便有用玉陪葬的习俗非常相似，传言朝歌城破之时，极尽奢靡的商纣王纵火自焚时，便是带着上万件玉器在身边，想来也许有借助玉石可以顺利到达另一个世界的观念在里面。

玛雅文明金字塔

玉道●玉之成

　　奥尔梅克文明之后，便演化出了现代人更为熟知的玛雅文明。玛雅文明的持续时间很长，大概从公元前1500年到公元1500年，有3000年左右的文明存续期，在这个时间段中，亚洲的中华文明已经从西周走到了明代。在玛雅人所创造的丰富的物质文化中，玉器也是非常重要的组成部分。玛雅君主的王权和神权都与玉制品息息相关。日常中，帝王的胸前、手脚等都需要带玉，表明尊贵的身份；而在死后，需要借助媒介沟通天地之时，也需要佩戴诸如玉面具之类的玉制品，才能更好更快地升天和转世。在玛雅的帕伦克遗址发掘中，其中一个玛雅王墓中也是发现了大量的玉陪葬品，从玉耳环、玉珠到玉项链与玉王冠……玉器的丧葬排场，繁复盛大。

玛雅文明玉葬面

中国人对玉的认知有一个过程。一般来说，商周以后，中国人思维中的玉就是现在广义的和田玉。它在矿物学上有明确的定义，即岩石中某些矿物质（透闪石、阳起石）的含量达到一定标准，就可以称为玉，而其中质量最好的、产于新疆的玉又被称为"真玉"。这种定义可以完全将玉区分于普通的岩石和其他的宝石。

但是中美洲文化中的"玉"，其含义又似乎与亚洲不太相同。在美洲，从奥尔梅克文明起，整个民族对于绿色有着狂热的偏爱。在古印第安人的民族文化里，认为绿色代表清水、碧空与绿色植物，是生命的象征，因此绿色的玉石也同样代表着生命和延续。

某种程度上，若说中美洲的古印第安人有尚玉的文化，倒不如说他们崇尚绿色的石头，无论是翡翠还是蛇纹石，在中美洲文化中都被唤作玉。这也许与产地有关，中美洲基本上不产闪石玉，假设美洲真的曾经迎来过商朝移民，那和田玉出现在中美洲遗址中也并不奇怪。不过危地马拉是全球著名的翡翠产地之一，翡翠作为"玉器"的代表，原材料较容易获取，印第安人近水楼台先得月，也许也正因此，翡翠在中美洲玉石文化的历史中频频出现。

单纯质朴——南太平洋玉石文化

　　全球三大玉石文化圈的另一个地点在南太平洋，产玉的核心地点是在新西兰的南岛，故而此地所产玉石又称为新西兰玉。南太平洋的玉石文化与东亚、中美洲不尽相同，首先在玉器的发现和使用的时间上都相差甚远，新西兰玉大约是在七八百年前被从夏威夷群岛迁徙至此的毛利人所发现。其次，在东亚，玉石与神话传说相关联，自初始起便被认为是沟通天地的圣灵之物，是神话化的祭器，但在南太平洋，玉器最初的出现便是彻底地被用于生活及狩猎，是生活化的工具。

　　在毛利人登陆之时，南岛荒无人烟，毛利人本身的文明发展程度并不算高，在七八百年前，当时中国正值宋元时期，已经是高度发达的封建社会体系，而毛利人却还是以最原始的部落形态生存。面对着尚未开发、完全呈现原始风貌、几乎没有任何生存

毛利人文化村

设施的岛屿，毛利人只能就地取材，便取用了硬度较高的玉石作为日常的工具以及狩猎的武器。根据考古发现证实，在新西兰地区，最早出现的玉器便有玉斧和玉制的手把砍刀。

也许是因为意识到了这种绿色的石头相当锋利，能够为部族狩猎到更多的动物，使得整个部落能够远离饥荒，毛利人开始相信这种绿色的石头是上天赐予的神石。毛利人的文明发展出了一种名叫 TiKi 的图腾。TiKi 是毛利语，本来意思是戴在脖子上的器物，作为图腾，对于毛利人来说是神的象征。他们相信是 TiKi 创造了自己的生命，因此新西兰玉多被用于 TiKi 的造型雕刻。

毛利玉人

　　而随着岛屿上人口的不断增加，对于生存资源的争夺也引发了不同部落之间的冲突，此时，碧玉这种被上天赐予的神石又被雕琢成了工具，每当战斗胜利，部落的族长们便会将玉石制成玉器赏赐给部落中最为勇猛的战士。

　　作为一个独立发展的玉石文化圈，南太平洋的玉石文化同东亚及中美洲两地相比，不太一致，倒也别具一格。这里的玉石虽然也被认为是天赐之物，但是却并没有被赋予太多深刻的内涵。在这里，玉石被珍视更多是源自于玉石自身的特性，这也许是因为毛利人本身的部落文化相当质朴与单纯。他们将玉石视为神石，是因为在生活中用得顺手，而并不是因为任何其他的含义。

虽然新西兰玉石文化整体非常直接与单纯，但是这里的产玉质量，以现代眼光来说要远高于中美洲，且不次于东亚地区，某些种类甚至能与和田玉相媲美。新西兰玉矿同样为透闪石玉矿，在数亿年前，新西兰的南北两个半岛是互相连接的，是从太平洋浮起的两个大陆带。新西兰的地势同样险峻，南岛的豪奇提咔地区更是河道纵深交错，玉石在这些河道中已经静躺了近百万年。百万年间此处荒无人迹，唯有河水日复一日的奔腾与冲刷，使得河床中的玉石表皮细致，如鹅卵石般光滑，在东亚玉石文化中，这绝对是上佳的籽料。

几百年前毛利人登陆，发现的便是这样一个遍地美玉的宝地，然而，毛利人的部落文化是如此的单纯直接，使得这些美玉变成了最贴近生活的器物，从另一种意味上来说，这倒也是一种返璞归真、独特的玉石文化。

玉道壹玉之成

毛利玉扁棍

无处追寻——失落的海外玉文化

人，区分了玉与石。在玉被单独列出来自成一体的时候，先人对于这个世界，便开始有了价值的朦胧意识，他们意识到了玉石的与众不同，并随着社会的发展，逐步认识到了玉石的珍贵。

就全球范围来说，玉石产地可以说是星罗棋布，但是能够将玉石发展为一种文化的，屈指可数。有学者提出，玉石能够发展成为文化的核心要点是，玉石能够脱离单纯的生活用具功能，有了神话性以及礼仪性的作用便可称之为玉文化。

放眼全球人类起源处的古文明遗址，在人类文明曙光初现之时，唯有神话能够让我们一探那时的究竟。神话是人类古文明的内核支撑，文明的走势和发展的脉络，都能在古老的神话传说中窥见一二。而当玉石被赋予了更多传说的含义，其内核才逐步丰富，继而支撑起整个玉文化的发展脉络。但令人遗憾的是，在整个人类发展史上，唯有东亚玉文化传承没有中断且逐步壮大。中美洲玉文化与南太平洋玉文化都在文明的发展中走向了失落。

在中美洲，不仅是玉文化，即便是整个文明形态都显得神秘异常。正如之前所叙说的那样，没有人知道这些文明从哪里来，他们一出现，便是鲜花着锦，高度发达。与之相对，也没有人知道这些文明的缔造者最终去向了何方，整个中美洲文明的失落都显得异常突然。总有人类对于神秘的事物有着探索和征服的心态，但即便勇士们前赴后继地前往雨林之中，中美洲文明的失落之谜迄今也没有得到完整的解答。也正是这样，才会有诸多的猜测将

玛雅文明玉珠饰

玛雅文明玉兽纹牌

中美洲文明与地外文明联系到一起。也许，真的有超越我们认知的存在，也许，真的在千年之前，有一群殷商遗民不远万里东渡至中美洲，建立了高度发达的奥尔梅克文明，并滋养了同期出现的玛雅文明，但由于去国离乡千万里，最终失去了与故乡的联系，文明的走向在雨林之中自寻发展，最终湮没于他乡之间。

而南太平洋玉文化圈的遗落则更多来自于社会本身。时间没来得及给毛利人以及他们的文化更多自我成长的空间，在毛利人登上新西兰群岛之后的不多时，西方的探索者便打破了岛屿的宁静。西方文明的发达程度自然远超孤岛上的部落文明，残忍的是文明之间的吞噬性与排他性。发达程度较高的文明对于原始文明

毛利玉铲

玉道⊛玉之成

自带同化的效应，更何况这群西方的外来者本身便不怀好意。南太平洋部落文化的自身发展被入侵者无情地打断，而作为其重要组成部分的玉石文化自然也随之跑步进入现代玉石文化范畴。

纵观全球三大玉石文化圈，也唯有东亚玉文化根植于中华文明之中，随着中华文明的不断发展一路传承，并且自身的内涵也不断演变、丰富，被融合进了中华文明的意象之中，最终形成了千年传承有序、内涵风度俱佳的玉文化。从先秦的巫玉时代，到秦汉王玉时代，再到宋元及之后的民玉时代，中华文明的每一个王朝中都可见玉文化的踪影，一切皆有迹可循，也唯有如此的千年传承，才能让一个民族为之心醉。

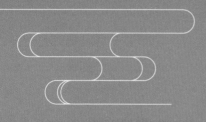

第八章

完美蜕变

一块石头的传奇

"

　　但凡世间的完美蜕变都需要一个漫长的过程，否则便不可称之为"蜕变"，一块原生玉材要脱胎换骨蜕变为美玉，自然也需要经历这么一个过程，也可见，一件玉器背后，所凝结不止天地造化的精华，还有背后工匠的毕生心血与时代的风貌。

"

玉路迢迢

　　一块石头经过地壳运动和地质作用亿万年的塑造，演变成了温润的玉石山料，又经过日晒雨淋和流水冲刷亿万年的锤炼，分别形成了山水料和籽料，这只是玉石生命的前半生，而这前半生是在沉默中度过的，它或许已经积攒了能量，孕育了精神，但是却埋在深山，流落河谷，和普通的石头没有任何分别。当它一旦和人类有了第一次接触，它生命的下半场也就拉开了序幕，而这生命的下半场才是它生命真正的高潮。始于采玉，成于琢玉。

　　世间但凡珍稀名贵之物，获取从来不易。这大概是一种历练，只有心诚志坚的人，才拥有发现宝藏的资格。宝物的传说向来也是探险的传奇，一路上各种艰难险阻，崇山峻岭，唯有心智坚韧的人，才能到达彼岸。举凡是能够轻易获得的东西，即使自身拥有再珍贵的效用与价值，也容易被人忽视，便不足以被称之为宝物。

和田玉自然也如此。玉石的开采从来不易，先秦古籍《尸子》中首先描述了采玉的艰辛："取玉甚难，越三江五湖，至昆仑之山，千人往，百人返，百人往，十人至。"《尸子》的作者尸佼应该是战国末期人，而和田玉最早在内地被发现是新石器时代晚期，也就是说，和田玉最早被开发，然后流转到中原的时代，距离这种记载也至少有两千年的历史。在这两千年中，中原文明的生产力必定已经得到了长足的发展，但即使在战国末年，"去到昆仑"这件事，也是一个不小的难题。要想获取和田玉石，这巍然耸立的昆仑山所矗立的大西北，同中原的距离，便是第一道屏障。

首先当然是路程的遥远，西北昆仑距离中原腹地有万里之遥，乃至于几乎要成为一个缥缈的传说。古代最快的马匹，也才能日行千里，而取玉队伍的速度，则几乎与徒步无异。往来一趟几乎是一年的时间，这中间也不是坦途，甚至可以说是最难走的地形，其中有茫茫的草原和漫漫的荒漠，路途中需要应付猛虎恶狼的侵袭，应付不测风云的挑战。即使到了近现代，这也是最不好走的

一条线路。

　　恶劣的自然环境本身就已经令前去求取玉石的人身心俱疲，而活跃在这个地区的游牧民族部落，则是另一道难关。纵观中华民族的历史，西北的游牧民族部落向来以作风强悍而闻名，他们控制了中原通往西北的道路，也就相当于控制了和田玉的东进之路。先秦时期便有戎狄部落盘桓于中原西北边境，且与中原文明不断冲突，殷商曾经多次与西北的鬼方部落大战，而西周更是直接灭亡于犬戎部落。秦始皇为了防止匈奴的骚扰，更是发动几十万民众修筑了著名的万里长城。和田玉虽好，这取玉必经之道上的凶险也令人侧目。走出长城，进入河西走廊，便意味着失去了来自中原王朝的有力庇护，如何在西北游牧民族的地域保全自身，同样困扰着冒险的人们。君不见汉代出使塞外的苏武，被匈奴扣留贝加尔湖畔附近牧羊，回到中原时已经两鬓斑白，而张骞第一次出使西域，过了十年才安全返回。

　　玉路迢迢，那些经历艰难险阻，带着宝贵的和田玉石返回中原的英雄们，称得上勇敢，更离不开一份幸运。

九死一生——昆仑的采玉传说

即使长途跋涉来到了昆仑，如何取玉，则是又一道难题，除了勇气、智慧，更多还是要仰赖于运气。我们都知道，玉矿形成之后，原石一般分三种状态存在于山川——籽料、山水料、山料，当然，其实还有一种戈壁料。不同的玉料开采的过程不尽相同。

籽料，通常来说，是最佳的玉料。这种玉料是裸露的原生玉矿被风化后，被冰川融水冲刷搬运至下游而形成的如鹅卵石一般浑圆的玉料。由于籽料历经流水冲刷的时间最长，因此表面十分的光滑，没有棱角。古人云，滴水可以穿石，另一方面来说，能历经流水如此长时间的冲刷而一如往昔的玉石，必定是玉矿中最为坚硬致密的那一部分，流水和风沙用尽千年的时光为人们筛选出了最佳的玉石，这，就是玉石籽料。

山水料，又称为山流水，是原生玉矿历经风化剥落，被水流搬运到河流中上游的玉料。能够发现山流水的地方，通常来说离原生玉矿已经非常接近了，这种玉料再经过一段时间的流水冲刷，也能够变为籽料，但是这个过程将会非常缓慢，也因此有玉料商人将山流水称为"籽料的妈妈"。山流水本身虽然已经被风化或是流水侵蚀，脱离了原生玉矿，但是这种玉料经历自然加工的程度有限，体积较大，棱角稍圆，所以说质量倒没有籽料这么上佳。

山料，顾名思义，便是生长于山上的原生玉矿。山料是各种玉料的源头，也是人类直接前往原生矿床开采出的玉料。这是最原始的玉石，自亿万年来由各种地质作用交互而形成，在人工开采出来之前，并未经历过任何自然的洗礼，玉石粗犷而质朴，只有最具慧眼的采玉人和最独具匠心的工匠，才能让这些看起来与一般岩石无二的山料，焕发出新的生机。

籽料、山流水和山料，形成各有不同，那么开采的方式自然也不尽相同。

籽料是裸露的山体玉矿被昆仑山上的冰山融水冲刷至平原地区，沉于河底，获取籽料的方法看起来也很简单，就是下河捞玉。昆仑山中最好的玉矿埋藏在整个山脉的中部，在这险峻的深山中，有两条大河流下，一条是玉龙喀什河，也被称为白玉河，因为这

《天工开物》中的白玉河捞玉图

里发现的羊脂玉和和田白玉最多。另一条是距离它20公里左右的喀拉喀什河，也称为墨玉河，这条河多发现色泽幽深上佳的墨玉。

　　这两条河虽说从昆仑山流下，途径沙漠，但却不是普通概念中那样在沙漠中蜿蜒不及脚腕深的平缓小河水。每年的春夏之交，正是冰川融水的时候，从昆仑山上流下的冰川融水湍急而迅猛，其实这是能够想象到的，不够湍急的流水如何能够冲走山上裸露的玉石矿物？必须有足够的冲击力，才能够使得这些玉石脱离山

玉道　玉之成

《天工开物》中的绿玉河捞玉图

体，随流水直滚落山下。这样的湍急的水流大概会持续两个月，农历五至七月的洪水期过去以后，人们才能开始下河捞玉。

下河捞玉很难是个人的行为，因为河水中暗藏着未知的风险。最初，人们是手拉着手赤足在冰凉而又湍急的河水中前进，用足底去感受玉石与其他岩石的不同，这就是所谓的"踩玉"。踩玉是一件很玄乎的事情，因为在这个过程中，无法依赖视觉，也没办法去体会所谓手感，只能用平时不常用来感知物体的足底来分辨，这几乎是不可能的事。这种时候，大概就要依赖于人的心灵与天地的沟通,唯有真心诚意地沟通天地,才能够发现玉石的所在。

也有人敢于潜入湍急的流水中捞玉。这种"捞玉"之法相对而言更精准,但是水流幽深湍急,潜水闭气闭眼,更多时候也只能凭借感觉,凭借自身与天地自然的感应。

更多的时候,人们采玉用的是"拣玉"的方法,就是在洪水期过后裸露的鹅卵石堆中寻找遗落的玉石。这需要苦苦寻觅,更多的时候凭借的是坚持和运气。洪水冲刷后的鹅卵石堆并没有固定的形状,也不会有固定的埋藏地点,唯有日夜不分的查找,才有可能凭借自己的运气发现被掩藏的和田玉石。这种方式由于没有任何技术上的难度,采玉人之间的竞争也会非常的大,如何慧眼识珠,如何突出重围,也是不得不考虑的要事。

总体而言,籽料的开采,由于没有任何技术难度,更多的时候,靠的乃是运气。和田玉被发现及利用的时间,在人类文明的时间轴上非常之早,也只有这种几乎没有任何需要仰赖于生产力工具的开采模式,能够使得先人们发现和田玉石,并且加以利用。也由于籽料的获取运气成分较大,因此,这种取玉方式更多时候也被加诸于奇幻的因素。古书有记载,每年到了取玉的时节,会由国王与公主先下河采玉,只有当国王与公主下河取到羊脂白玉后,这个年份的取玉时期才宣告开始,这在某种程度上也是天赐皇权的象征。而明代的《天工开物》还记载了另外一种取玉的风俗，即古人相信河水聚玉，女性属阴，唯有女性赤身潜入河水中取玉，乃是所谓"云阴气相召"，能够留住玉石，易于捞取。这种说法显然并不科学，并且女性潜水捞玉，由于女性的身体机能远不如男性，河水冰凉，这样的取玉方式对于女性采玉人来说风险极高，也因此《天工开物》也直言："此或夷人之愚也。"

籽料历经流水的冲刷，表皮温润，水头足，整个玉的品质表现非常的优秀。但是，单纯依靠流水的力量，并不能满足整个民族日益增长的玉石需求。因此，先辈们顺流而上，开始寻找源头的玉矿。

在这个过程中，人们发现了被水流冲击的山水料。这种玉石

开采山料场景

材料体积略大于籽料，没有彻底经受流水的冲刷，开采的难度较之籽料更多在于搬运的难度，还是属于比较容易取用的类型。但是山水料的比例在玉石开采中所占的比重并不大，多数的玉石分类也会将其归到籽料的行列中。

越过山水料，再顺流而上，就到了原生玉矿出没的山涧。和田玉石是昆仑山在造山运动中所获得的天赐之礼，能够从昆仑山中取得和田玉石，也非心志坚定之人不可。和田玉石的原生玉矿聚集在昆仑山主峰一带，海拔基本上在 5000 米以上，终年冰雪封冻，地势险峻，但是恶劣的自然环境并没有击退溯源而上寻找玉石的人类。自玉矿被发现的那一刻起，几千年来，人类在昆仑险中取玉的路程就从未间断。

原生玉矿自有露天矿床，露天矿床的开采相对来说较为简单，但也只是相对而已。昆仑地势陡峭，露天矿床的开采基本全靠人工开凿，在生产力工具没有那么发达的年代里，人工开凿玉石就意味着需要一个非常漫长的开采时间。《诗经》有云"他山之石，可以攻玉"，可以看作是取玉场景的一个具象化描写。历经千难万险的采玉人最终攀登到了和田玉矿，由于地势险峻，并不能携带太多的工具，而山中的其他岩石就成为了随手可取的原材料。但是玉石的硬度远胜于普通岩石，因此整个开采过程，会变得非常的枯燥、繁杂，还要忍受不停的失败，由于海拔过高，还会有缺氧的风险。

开采山料场景

　　昆仑山巅天气恶劣，每年能够进山采玉的时节只有夏至到秋分三个月。但这并不意味着这三个月中，昆仑山这一带是风和日丽。所谓的适合只是相对适合人类生存，但高寒多雪的山间地带，伴随着冰川不时的融雪、凛冽的寒风和险峻的地形，整个采玉的过程真可谓是九死一生。

　　虽然艰辛，但是上山采玉并不是一项纯劳力的活计。玉石矿床不同于其他宝石类的矿床，其他矿藏的矿床通常连成一片，但是和田玉石的矿床，玉石是被岩石包裹的，且分布得断断续续。玉石和岩石之间没有明显的分界，每取一块山玉都需要去掉大量的周围包裹的岩石，这对采玉人的手艺要求极高，越大的玉料越是如此。因为有些玉料单凭裸露在外面的部分很难判断被包裹的部分有多大，因此如何取玉，更需要因地制宜。只有拥有丰富经验的采玉人才能处理这种复杂的情况，且由于原生玉石没有经历风力的侵蚀和流水的冲刷，将岩石破凿而出之后，初看外表与岩石并无多大差别，如何辨识上佳玉石山料，也是采玉人必修的功课。

　　山料开采完成后，运出山中也是一项技术活，玉石硬度大，密度高，相较于其他岩石更重，因此完好的将玉石带至昆仑山之下，才是真正采玉人工作的结束。

　　尽管采玉工作十分艰辛，但是进入了封建王朝的"大一统"时代后，昆仑山供给中原的玉石每年以吨为数计，由此可见昆仑玉石矿藏之丰富，以及中原的需求量之大。但是再富足的矿藏也经不住千百年来持之以恒的开采。玉石矿藏的形成时间需要上万乃至数十万年，相较于人类的生命来说，几乎属于不可再生资源。矿藏是一个方面，另一方面玉石矿床是昆仑山脉的重要组成部分，若是昆仑玉石矿床被挖空，势必会影响到整个昆仑山脉主峰的地势，届时影响不可预计。也因此到了清朝的时候，昆仑的采玉受到了官方的限制。两条玉河由官方管控，进山采玉的必经之路也由官兵把守，寻常人即使再有一颗意志坚定的心，也再难接近昆仑的原生玉矿了。

切磋琢磨——玉石的新生

采玉难，琢玉更难。琢玉源于先民们制造石器工具，是人类最早掌握的加工技术。面对硬度颇高的石头，他们尝试过木片、麻绳、沙子、骨骼、蚌壳，这种原始的治玉工具简单且效率低下。好在几百万年打制和磨制石器的历史，已经锻炼了他们的耐心，让他们学会了漫长的等待，即使一辈子就只有那么几块粗糙的玉器成果，也足慰平生。

然而早期的治玉工业往往是就近取材，一般选用的是硬度较低的地方玉石，先民们可以像制造普通石器一样加工。但当遇到硬度较高的玉料时，最原始的打制和磨制技术就没办法了。尤其当先民们发现和田玉这种质地更好的品种，没有理由不去加以利用，但是和田玉的莫氏硬度普遍都达到 6.5，即使进入文明社会有了金属工具，拿钢刀也很难在其表面划下印迹，这给先民们出了极大的难题。

　　如何去切割雕刻硬度高的玉料呢？当然是选用硬度比它更高的东西。《诗经·小雅·鹤鸣》中说："他山之石，可以为错。""他山之石，可以攻玉。"先民们在常年的生活实践中发现了一些比和田玉硬度还要高的矿物，这是一些细小的颗粒状矿物，往往产于河床之中，之所以硬度比和田玉还要高，就是因为长期流水冲刷，相互碾磨，已经把硬度低的部位全部磨掉，剩下的细小颗粒恰恰是最硬的部分。这些矿物后来被称为解玉砂，解玉砂加水，辅以麻绳牛皮等物，就是早期切割玉料最有效的手段了。解玉砂的发现和运用，可以说是琢玉这个行业能够存在的技术基础。

　　虽然有了解玉砂，纯手工的切割效率仍然让人绝望，一块巴掌大的玉料，用解玉砂剖开，可能也要花费两个人整整一天的时

古代解玉图

间，更别说后续的加工。幸运的是，治玉工具的进步比制造石器工具的进步要快多了。从出土古玉留下的加工痕迹推断，新石器时代的红山文化时期，先民们已经发明了原始砣机。这种旋转型的工具，灵感可能来源于制陶，它比人工拉锯式的动作快速、稳定，极大地提高了制造玉器的速度，也让琢玉真正可以向着精细化发展，可以说直接让琢玉成为一门艺术，这在琢玉史上是一个划时代的革新。虽然以后的砣机经过多次改进，效率不断提高，但脚蹬手磨的砣机琢玉技术一直沿用到了建国初期。

《礼记》中说："玉不琢，不成器。"我们常常听说一个词叫"切磋琢磨"，出自《诗经》的《卫风·淇奥》："有匪君子，如切如磋，如琢如磨。""切""磋""琢""磨"本义分别是指古代加工骨骼、象牙、玉器、石器的四种技术，在《诗经》这首诗里面，则引申为学问道德上的研讨、探究。这个比喻应该是比较早的将琢玉的过程比作修养身心的过程，进一步来说，也是把雕琢而成的玉器比作了学问道德养成的君子。类比是《诗经》的常用表现手法，此处也许只是文学的妙手偶得，却暗合了玉文化史上最著名的玉德学说，不可谓不奇。

而"切磋琢磨"虽然分指四种加工类别，但无巧不巧地却勾画出了玉器制作的全过程。琢玉之始，先要把大块的玉料原石切割成小块的适合雕琢的毛料，这个过程类似于"切"。接下来，

古代琢玉图

切割成小块的毛料需要把棱角锉掉，初步打凿出器物的轮廓，这个过程类似于"磋"。有了大概器物轮廓的玉料，就可以进行精细的琢制了，运用各种工艺制造成型，这个过程即是"琢"。最后，成型的玉器表面是粗糙的，需要进行打磨和抛光处理，这样整件器物才会光彩照人，这个过程即是"磨"。所以，后世再使用"切磋琢磨"这个词的时候，已经不是表达单纯加工四种材质的技术了，而是笼统地指代雕琢的技术，尤其是玉器的雕琢。

《孟子》中说："今有璞玉于此，虽万镒，必使玉人雕琢之。"由玉石到玉器，仰赖于工具的发展、技术的进步，但最根本的是仰赖于玉雕匠人的双手。琢玉是一个最耗费时间和精力的工作，

琢玉场景老照片

琢玉场景老照片

需要慢工出细活，需要漫长的等待，它需要玉雕匠人对这份职业有充分的尊重和深厚的感情。只有真正的热爱，才能将玉石最美的一面呈现，方不负万物有灵的神奇和天地有情的造化。从原始社会起就形成的古老行当，琢玉匠人看似职位低微，实则无比荣幸，因为是他们亲手将一块块璞玉变成佩饰、礼器、物件，是他们赋予了玉石新的生命。仔细端详，那一条条线，一个个型，无不凝结着匠人们的心血与智慧，时光的流转、生命的意义、治国的思想、爱情的美妙都被雕刻进这一方美玉中，虽历万世而仍然闪耀着光辉，启迪着思考。琢玉，或许是这世上最伟大的工作之一。

人类的审美随着整个社会生产力水平的不断发展而逐渐提升，而中国人在玉器雕琢这方面，恰好有着最细致的研究。玉石雕刻在中国文化史上，已不再是简单的器物制作，而是成为了一种独特的艺术创作过程。在此过程中，玉器的意趣与精妙，豁然而出。

琢玉的这一门学问深刻，并非三言两语能够厘清。一块玉石，从形成，到开采，再到雕琢，其间所费人力物力，不可以数计。但凡世间的完美蜕变都需要一个漫长的过程，否则便不可称之为"蜕变"，一块原生玉材要脱胎换骨蜕变为美玉，自然也需要经历这么一个过程，也可见一件玉器背后，所凝结不止天地造化的精华，还有背后工匠的毕生心血与时代的风貌。

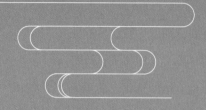

第九章

如琢如磨

从此玉石有了生命

"

近代以来，通过战争和贸易，大量的玉器
艺术品流失海外，一些西方学者醉心于中国玉
文化，光绪十七年，民间画家李澄渊应一位英
国玉器爱好者的请求，特地作了十二幅反映治
玉过程的纪实工艺画，也就是后人所称的《玉
作图说》。

"

两大利器

《论语》中说："工欲善其事，必先利其器。"琢玉也是如此。前文曾提到，解玉砂和砣机是琢玉最重要的两个"器"，接下来便进一步详述这两大利器的前世今生。

"解玉砂"，从字面来看，应是一种砂石，可以用来辅助玉石雕刻，甚至，解玉砂在古时候，很有可能是打磨玉器过程中，最不可或缺的一种原料。甚至，世上用以雕琢玉器的工具，只不过是让人能够更方便地使用解玉砂罢了。

解玉砂从《诗经》产生的年代起便用于玉器雕刻，实际的使用可能更早，之后一直到民国，都是玉器制作工艺中的必需之物。其实解玉砂是一种复合的砂石，主要成分有两种，一种是天然的刚玉砂矿，另一种是石榴石砂矿，两种矿石的硬度都高于玉石，

刚玉砂矿和石榴石砂矿

且有一定的锐度与耐磨性。刚玉，是一种硬度仅次于金刚石的矿石，莫氏硬度高达9，现代人熟知的红宝石和蓝宝石，便是刚玉矿石的一种。也因此，严格来说，红宝石与蓝宝石所制工具也是完全可以拿来进行玉石雕刻的。石榴石，是一种成分复杂的矿石，种类下的变种很多，成色良好的石榴石也被人们视为宝石的一种，现代很多女性会认为佩戴石榴石可以增强自身的桃花运。石榴石一般硬度在6.5~7.5之间，有一些硬度高达7及以上的石榴石，如铁铝石榴石，就会被拿来作为研磨料。解玉砂，也就是所谓研磨料的一种。

将采集来的天然刚玉砂矿和石榴石砂矿进行捣制筛选，再加以不同玉匠的配方，便可以制成解玉砂。解玉砂分为黑石沙、红石沙、黄石沙等种类，不同类型的解玉砂在研磨过程中也有着独特的个性。红石沙的主要成分应当为石榴石，可以用来雕刻软玉，而黑石沙的主要成分应当是刚玉，硬度最高，最易于使用，可以用其来雕琢硬玉。解玉砂还有粗细之分，不同的玉石，不同的雕琢过程，有经验的玉匠会据此挑选不一样的解玉砂来使用。

解玉砂在使用中，需要将这些砂石附在工具表面，然后驱动工具反复摩擦来对玉器进行雕琢，过程类似于钻木取火，而且同钻木取火一样，反复的摩擦会生热，因此在琢玉过程中，要不停地给解玉砂上水，降低砂石的温度，不至于过热。

根据宋代迄今的记载，解玉砂的主要产地应当是在河北邢台、山西大同一带，其中以河北为主要产地。不过想来，在西北一带应该也是有解玉砂出产，不然作为最上佳的和田玉石的主要产地，中华玉文化的发源地，先人竟无砂解玉也是不太说得过去，只不过现今未有记载或遗迹能得以证实。

事实上，早在六千年前的仰韶文化，先民们就发现了解玉砂，以及原始的制玉工具砣机。而红山文化出土的玉器可以让我们畅想，那时候可能就已经使用原始的砣机了。也就是说，中华先民们在刚解决温饱之时，便也同时解决了制玉的难题。可见玉器制作在当时社会中，应当是被列为部落大事之一。

　　当时人们在挑选工具时，应当发现了砣轮完全可以代替人工来对玉石进行一次又一次的循环往复的打磨，这不仅节省大量人工的重复性劳动，还能极大地提高效率，而且能够提高打磨的精确性。人们在当时，用手拉弓弦，抑或脚蹬的方式，使砣轮开始快速滚动起来，配合解玉砂，可以快速对玉石进行打磨。在良渚时期，砣轮应当是由石头来做，人们还用石头做成不同的砣头，来雕琢出不一样的纹饰。

　　到了商朝，中原社会的冶炼技术有了极大的提升，人们开始使用青铜来制作砣机。不过青铜容易磨损，做出的沟线较浅，而且很宽，容易出现半圆形的断面。夏商时期，玉雕的纹饰多数简单而大气，固然是一时风尚，应是和当时的青铜砣机也有关系。

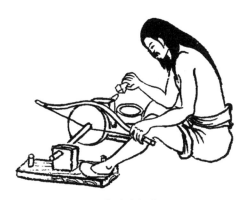

早期的砣机使用场景

早期的砣机使用场景

以当时的工具，能快速地制出较为简单的玉石制品，或是对玉石进行粗加工。太过复杂的玉石制作，还是依赖于手工。而青铜与玉石的交接打磨，自带一股明锐锋利的气度。

春秋战国时期，冶铁技术成熟，铁与青铜相比较，硬度更高，更锋锐，更易于打磨，琢玉工具也由青铜转而向铁发展。铁砣机的发明，使得玉雕技艺更为精细，玉制品的精巧程度也更上了一个台阶。自商周铜、铁砣机发明后，至民国之时，铜铁砣机的使用延续了接近四千年。这是一个非常有趣的现象，砣机发明之后，样式的变革几乎都在细节，石砣机变为青铜砣机，再到铁砣机，变化的只是材质，而外表几乎都是差别不大。换个说法，就是在人类文明的诞生之初，中国人便已发现了加工玉石的最优方法，即砣机加以解玉砂，并且从未失传，这倒也许是中华玉文化能一路传承下来的一个重要原因。现代玉器加工分为新工和老工，老工指的是模仿古人使用铁砣机与解玉砂琢玉的方式，而新工就是使用现代电动工具与磨砂轮的琢玉方式。

老工与新工，在玉石成品上是能看到区别的。由于工具和磨具的不同，在玉器上所留下的现象和痕迹不同。老工依靠人工操控砣机，速度不快，玉器纹饰的精度较差，当然这个精度是相对于机器来说，老玉匠的手艺相比于普通人而言，那还是当得起一句出神入化。老工通常会耗费玉匠的心血，雕刻的线条流畅，形状匀称，由于速度不快，玉石也不会起热发毛。而新工依赖机器砂轮，速度极快，降温都来不及，虽然精确度较高，但是钻眼或沟痕处，时常会留下崩口或茬口的痕迹。老工过于依赖玉匠的手艺，而通常也会耗费制作之人大量的时间与精力，较之于此，新工更为精确与高效。

相比于神话传说中的各种圣物，砣机虽是一种日常使用的普通工具，但正因为它一直活跃在民间，一直被认真地使用着，反而更富有灵魂，更焕发生机。那不是神灵的光辉，反而像是一个活生生的制玉匠人，从红山文化起便游走于世间，历经朝代变迁沧海桑田，默默地为世间贡献着一件又一件精美的玉器，最终，事了拂衣去，不留身后名。

玉作图说

作为世界四大古代文明中唯一未曾中断的文明，数千年来，中华文明中的制玉技法也未曾断绝与失传。今天所见玉器的工艺，与数千年前并未有太多不同，仅仅是因为社会工具的进步，将琢玉的工序进一步优化，以便提高生产效率，就如同数千年传承的砣机与解玉砂，仅仅是在历史的进程中，随着新的原材料出现而不断优化，但是大致的形态上，并无特别的改变。

制玉虽为技法，但玉器往往反映着一个封建王朝的荣辱兴衰，因此，制玉的技巧和风格也随着朝代的兴亡而改变。中国古代玉文化的巅峰时期在清朝，也正是在这个朝代，制玉的技术达到了顶峰。近代以来，通过战争和贸易，大量的玉器艺术品流失海外。一些西方学者醉心于中国玉文化，光绪十七年，民间画家李澄渊应一位英国玉器爱好者的请求，特地作了十二幅反映治玉过程的

捣沙研浆图

(此系列图为后人仿作《玉作图说》，出处不详)

纪实工艺画，也就是后人所称的《玉作图说》。

这《玉作图说》第一幅，便是《捣沙研浆图说》。此图描绘的乃是玉匠制作解玉砂的景象。在图中有两位玉匠，一位手拿着杵子，在石臼中将砂石敲得细碎。而另一位拿着筛子，将解玉砂筛得更为精细。《捣沙研浆图说》下配文字也正说明了解玉砂的功效，"攻玉器具虽多，大都不能施其器，水性之能力不过助石沙之能力耳。"唯有上好的解玉砂，才能更好地发挥出攻玉器具的性能。此图的注解中还详细描绘了解玉砂的产地和不同种类解玉砂的特性——解玉砂多产自直隶，云南也有产出，又分为黑沙、红沙、黄沙等。黑沙最为坚硬，红沙较黑沙相比更软，而黄沙则

开玉图

扎碢图

是最软的。黑沙可用于琢玉，打磨抛光便适宜用去浆浸水之后的黄沙。

　　按琢玉之顺序而下，《玉作图说》第二幅，便是《开玉图说》。开玉，便是去掉玉皮。采出的原石玉料外常包裹着一层岩石表皮，这些玉料也称为玉璞。开玉这一道工序，便是要将玉石之皮剥离，最终留下岩石核心中的上佳玉石。在图中，两位玉工坐在树下，虽说是开玉，实则乃是用条锯一来一回你来我往地摩擦与切割。此时解玉砂派上了用场，树上垂挂下来的茶壶里面装的乃是解玉黑沙和清水，混着黑石沙的清水不断滴落在玉璞上，增加了条锯锋利度，使其能够更快把玉皮去掉。此图下面所配文字，将开玉的过程比作剥开果皮取果肉，也因此，开玉，乃是琢玉的第一道工序。

　　《玉作图说》第三幅，乃是《扎碢图说》。碢，与砣同音，古文字中又称砣，所谓的扎碢，便是使用砣机，将大块的玉料，根据画样设计、实际需求裁切成小块玉料。在这一过程中使用的"旋车"，外形上看略似缝纫机，通过踩踏旋车下方的两块木片，即"蹬板"，来带动旋车之上的扎碢装置。玉匠一手托着玉料，一手往扎碢装置上浇灌解玉红砂，再脚踏蹬板，使得扎碢不停转动，配合坚硬的解玉红砂，便能够将大块的玉料分解成方块或方条。

冲碢图

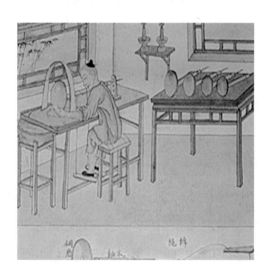

磨碢图

《玉作图说》第四幅，是《冲碢图说》。冲碢，与上一步扎碢所用的旋车基本一致，但在竹枝之外，缠绕的乃是厚钢圈。将解玉砂配合打磨，可以将玉料上的棱角磨掉，使玉料变得平滑、圆润、玉器初成。下配文字也说明，"玉之棱角既去，器形既（即）成"。而有些玉石上还有剪切留下的划痕，也会在这一步用木碢、胶碢、皮碢等不同的碢机材料打磨至光滑透亮。

接下来，便到了《磨碢图说》。这一步，还是在旋车之上，用磨碢这种工具进一步来磨细玉器的表面。磨碢较之扎碢在宽度和厚度上都更加厚实，也因此能够更好地将玉器的表面磨得更为细腻，玉石在这一步，其所谓温润厚重的色泽，得以展现。

对玉石的初步加工便是以上五步，接下来进入了真正的雕琢过程。首先，便是如同《掏膛图说》中表现的那样，对玉器进行掏膛，也就是挖空容器的内部。

玉器功用不一，但若作为日常生活实用器物，便需对玉石进行这一步掏空的处理。在这一步骤中，需要先将钢卷筒缓慢旋入玉器中央，过程与开红酒瓶类似。旋入之后，玉器的中央会出现一根玉柱，也称为"玉梃"。这个时候，就需要用小锤来锤击钢錾，将玉柱缓慢地震出来。这是唯有技艺娴熟的工匠才能进行的技法，用力偏小，便无法取出玉柱，用力过大，则容易震碎整个玉器，

掏膛图

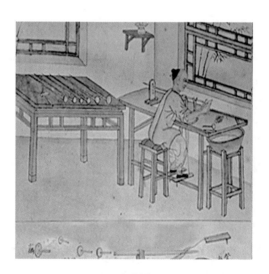

上花图

只有在气力之间取得一个平衡，才能将玉柱完好地取出。取出之后，还要有弯型的扁锥头配合解玉砂缓慢地琢磨玉器的内腔，使玉器内部与外部，达到形制如一。

接下来，便到了《上花图说》。所谓上花，也就是以小型的轧碢，在玉器的表面打磨花纹。这些轧碢是一些小圆钢盘，盘子的边缘非常薄和锋利，也称为丁子。轧碢因为小，形制可以随意修改，方便使用即可。也因此，不同的轧碢会在玉器表面留下不一样的痕迹。通过痕迹可以倒推出在琢玉过程中所使用的工具情况，因此有学者通过红山文化中所发现的玉器，推断出那个时候应该已经开始使用轧碢来进行玉器的雕琢。

玉
道
⊛
玉
之
成

打钻图

上花之后，便是《打钻图说》。这是一些需要镂空雕琢的玉器所必须经过的重要步骤。打钻的工具主要是弯弓和轧杆，轧杆底端镶有金刚钻。玉匠坐在桌子前，一手拿着玉器抵住轧杆下的金刚钻，另一手拉动弯弓，弯弓会带着轧杆一来一回，金刚钻也就随着来回旋转摩擦，最终将玉器打磨出一个完美的圆洞。战国至西汉，工匠们便非常擅于使用此技法，营造出玉器流畅的回旋，同时线条还流利饱满的效果。

待玉器的洞眼打好后，便开始雕饰，这就是《透花图说》描述的步骤。透花，就是在玉器上雕琢镂空的花纹。在这一步中，也要借助于一个类似弯弓的器具，被称为"搜弓"。操作时，需要将弓弦穿透玉器上的圆洞，此时，玉匠所需要透雕的图案已经用石榴皮的汁在玉石之上描绘得当，玉匠需要操作弓弦，沿着之前设计好的纹样，配合解玉砂在玉片上割锯，在一来一回之间，手绘的图案在玉石之上逐渐立体，整个玉制品也逐渐成型。早在良渚文化时期的玉器上就已经出现了拉线透花的玉器，数千年中，这一技法一直在传承延续，直到清代达到了顶峰，清代的镂空雕花玉石作品，富有玲珑巧思与精致做工，令世人啧啧称奇。

而一些特殊形制的玉器，还需额外经历一个过程，其方法描绘在《打眼图说》。有一些诸如鼻烟壶、扳指之类的玉器，虽小，但也有固定的形状，体积过小，使得玉匠并不能够手持玉器进行

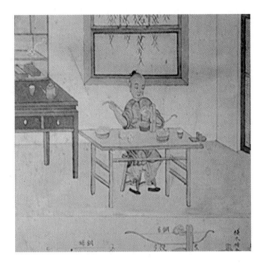

透花图

打眼图

木砣图

皮砣图

打钻，此时就要用特殊的技法来进行打眼的处理。这也是一个蕴含着古代匠人劳动智慧的特殊装置。用一个竹筒装着水，将玉器按在板孔中，上面安装木版，木版中间是有洞的，洞的形状、大小和需要钻孔眼的小玉器形状相同，不同形状的小玉器，要配上不同的木版，这倒是有几分木活字的意思。玉匠一手握住"铁盅"，一手拉着"绷弓"，一来一回，铁盅下的金刚钻，便会在玉器上钻出洞来，方便快捷又安全。

通过以上步骤，各种各样的玉器都可初步成型，但还需要最后的打磨和抛光。这就是《木砣图说》和《皮砣图说》所描绘的场景。《木砣图说》中所使用的工具为一个木质的、非常厚的圆形转盘，配合解玉砂中硬度比较低的黄石沙，来对玉器进行最后的打磨。黄石沙足够柔软，不至于摩擦掉玉器表面精心细刻的花纹，但又能柔和地去除掉玉器表面那些微小的凸起。《皮砣图说》的处理就是用牛皮包裹的木质圆盘，来对玉器进行最后的抛光。玉器唯有经过这一步，才能彻底地褪去自然的磨砺，而散发出温润的光泽，成为被王室、藏家或富豪竞相追逐的稀世珍宝。

《玉作图说》成于玉器制作巅峰的清代，对于玉器制作步骤的描述非常详尽，可以看出在整个玉器制作的过程中，解玉砂和砣机所占据的重要地位。古人对于砣机的把控需要长期的锻炼，因为在使用的过程中，并没有办法对加工的作品进行非常详尽的

玉道 壹 玉之成

琢玉场景老照片

观察，一切基本上都要凭借手感。没有长期经验的积累和传承，再加上一个良好的身体条件，很难成为一个优秀的玉器工匠。而在琢玉的不同阶段，对解玉砂的使用也有非常多的讲究，什么时候使用什么样的解玉砂才能够事半功倍，也需要玉雕匠人祖祖辈辈的不断探索。《玉作图说》记载的诸多工序，更是有工艺自红山文化和良渚文化便流传下来，可以说，这一系列工艺图，堪称是中国古代玉器制作最为详细的说明书。

只是稍微遗憾的是，虽然整体的玉器制作工艺在千百年的时光流转间未曾失传，但有一些朝代的特殊琢玉技法却已经失传。比如，良渚玉器中出现的繁密刀法、汉代玉器典型的工艺游丝描

现代琢玉照片

玉道◉玉之成

等技法，都已经流失于历史的长河中。虽然凭借现代工具可以复原出当时的玉雕成品，但其中具体的操作，以及蕴含的匠人巧思，却无论如何也无法一探究竟了。

从开采到琢磨，一块诞生于天地之间的玉石在变为人类社会的珍贵玉器过程中，需要耗费极多的心血。也正是这些采玉人、琢玉人在制玉上耗费精气神的接力，使得这些心血附着于玉石之上，让玉石完成到玉器的蜕变，从此有了新的生命。千百年来琢磨之声不绝于耳，方才汇成独步世界的玉文化。

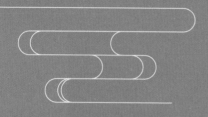

第十章

宇宙恩赐

玉是大地的舍利

"

　　在中华历史上出现的无论哪个民族，及这些民族创造的文化，对于玉，态度都有一种微妙的统一，对玉的喜爱，不仅流淌于民族的血液之中，更像是弥漫于东方这片土地上的空气因子，只要在这里生活、成长，对于玉就会有一种自然而然的亲近。

"

石之美者，有五德

　　当我们佩戴它、把玩它，我们无须去定义，这触手可及的就是玉。当我们研究它、传承它，就不得不给它一个流通的解释。那么什么是玉？现代矿物学把软玉、硬玉、和田玉、翡翠、岫岩玉等玉石，都从成分角度给出了最科学严谨的说法，我们可以据此轻易分辨各类美玉，但是对于"玉"这个字的解释，现代科学就无能为力了。玉及其背后辉煌灿烂的玉文化，无论如何是难以用一些化学成分表达出来的。通观古今，对"玉"的内涵把握最到位的是汉代《说文解字》的作者许慎。

　　许慎在《说文解字》中对"玉"定义到："玉，石之美者，有五德。"短短七个字，其实包含了很丰富的内容。他把玉的概念分成了两个层面，首先是玉为石之美者，即玉是美丽的石头，这是在描述它的物理特点。其次是玉有五德，即玉是有德性的，

白玉花瓣形杯

玉道壹玉之成

这是把玉拟人化了，因为德是人类才有的特性，这其实是在表达玉有人文性，而且是高贵的人文性。"石之美者"和"有五德"这两点对于玉的定义来说，缺一不可。"有五德"甚至比"石之美者"更重要，因为许慎在书中也对另一个字进行了定义，这个字是"珉"。"珉，石之美者。"这同"玉"的定义前半部分一模一样，也就是说玉和珉都是美丽的石头，而不同点就是玉有五德，而珉没有。无独有偶，孔子曾经给子贡解释玉和珉的关系，就说玉有十一德，而珉没有德性。看来许慎对于玉和珉的定义也受到了孔子言论的影响。

我们知道，在远古时期，先民们没有能力翻山越岭千里取玉，在他们有了用玉需求的时候，往往是就近取材，玉石原料的质量就很难保证，其中有些甚至都称不上现代意义的玉，而仅仅是比其他石头更漂亮和通透些。这些早期使用的玉石杂糅的地方品种，或许就是珉。直到中国先民接触到和田玉，才认识到这是他们理想中的玉。和田玉温润、通透、致密、色柔的特性同这个国家和民族的气质堪称天作之合，所以才有了奉和田玉为"真玉"，其他玉石皆为"珉"的观念。

事实上，中国人虽然一直把和田玉当作玉中之王，却从来没有排斥其他玉石的使用。岫岩玉、独山玉中的上好玉料，其品质也不输于和田玉，和田当地所产的玉石，也并非全都是佳品。因而在玉的基础上，又出现了玉宝的概念，凡是具有与玉相似品质的矿石，皆可称为玉宝。在玉石资源有限的古代，类玉的宝石被作为玉的替代品，这种玉石使用观念满足了大多数人崇玉爱玉的精神需求，也就形成了中国海纳百川的泛玉文化。

似玉而非玉、颜色绚丽的绿松石是最早的受益者，它早在仰韶文化时期就被先民使用，最终名列中国四大名玉之一。最早被使用的还有玛瑙家族，它广泛出土于早期的遗址中，《广雅》说"玛瑙石次玉"，可见它是作为玉的替代品被退而求其次地使用，玛瑙中最出名的是红玛瑙，古籍中所载的"赤玉"在遗迹中一直找不到实物，有学者认为所谓"赤玉"其实就是红玛瑙。同玛瑙分

墨玉钟馗嫁妹摆件

寿山石大禹治水图山子

墨白玉八仙过海山子

属同门的玉髓、天然水晶、芙蓉石、东陵石、虎晶石等都是有着悠久历史的类玉宝石。青金石的色彩迷人，是西方人最喜欢的宝石之一，而中国在西汉的时候也开始使用，曾被叫作"璆琳"和"瑾瑜"，可见也是玉族成员之一。《石雅》中说它"色相如天，或夹金色散乱，光辉灿烂，若众星之丽于天也"，无怪乎至今都是东西方都喜爱的宝石。中国的玉石家族中甚至还囊括了很多生物成因的珠宝，比如琥珀、煤精、珊瑚、珍珠，煤精甚至早在七千年前的东北新乐文化就已经开始使用，而珍珠长期以来是中国女性的基础佩饰，与玉石并称珠玉。还有琉璃这种完全人工的装饰品，也被纳入玉石范畴，曾一度被称为"药玉""璀玉"。

玉石家族中的其他成员同和田玉一起构成了国人的用玉范畴，它们或质地通透，或颜色绚烂，或易于雕刻，无不有着引人入胜的特点，但都无法撼动和田玉在中国宝玉石中的至尊地位，而只能作为玉的从属品存在。

许慎对玉的定义，似乎也是章鸿钊先生提出"首德次符"辨玉标准的重要依据，因为两人的观点完全一致。许慎所谓"石之美者"，也即美丽、漂亮，是一个描述视觉感受的词汇，应该专指外形和颜色而言。在"有五德"的延伸解释中，他说到玉的几个特征，"润泽以温""䚡理自外，可以知中""其声舒扬，专以远闻""不挠而折""锐廉而不忮"。这些无一例外都是玉的物理特征，而不是美的佐证。也就是说，许慎认为玉的质地跟玉的德性是紧密结合的。石之美者是指"符"，有五德是指"德"。虽然许慎把"石之美者"放在了"有五德"前面，但是并不表示许慎认为"有五德"是次要特征，一是"有五德"后面跟着很长的解释。二是人们接触玉时，外形和颜色是首先映入眼帘的，把首先了解的特征放在前面也很合理。如此看来，许慎对玉的定义，与"首德次符"的观点异曲同工。

自然的玉，人文的玉

正如许慎所定义的玉有两重含义，玉本身也是有着两重属性的，一种是自然属性，一种是人文属性。自然属性是天然形成的、没有人工干扰的特征，这包括质地的特征，也包括颜色和外形。人文属性是在人类发现并开采、利用玉之后所赋予的玉的文化内涵。

自然的玉，是宇宙中的特殊元素凝结运化，在地壳内部高温高压下聚合形成的物质，又经过亿万年的积淀转化，它蕴含有巨大的能量，本身可以吸收和释放一些射线，这些自然特性虽然先民不能了解，但是在长期佩戴使用过程中或多或少能够感知到，也是玉很早就能成为神性圣物的原因之一。

玉生于土中，坚硬如金，温润如水，转化如木，光辉如火，

几乎具备了五行的所有特性。玉的颜色也是分为五色，它巧妙地诠释着五行文化的对应关系。玉的涵养、坚硬、温润、内秀、通透就如同中华民族的精神气质含蓄、坚强、智慧、善良、得体，也如同中国人所崇尚的君子之道——信、义、智、仁、礼，仿佛玉所有的自然特性，都是为中华民族的先民所生所备，亿万年砥砺前行，等待先民们的发现，然后从自然之玉升华成人文之玉。

在文明起源的时候，便已经有了玉的身影。文明起源总伴随着神话传说，在神话传说之中，美玉就扮演着举足轻重的角色。冥冥之中，混沌时代和洪荒时代的神明们，对于美玉就有足够的珍视。从开天辟地的创世之神盘古，到炼石补天的救世之神女娲，再到高居于昆仑之上的众神之首西王母，在他们流传于后世的传说中，处处都有着玉的参与。

人们对于玉石的种种幻想，其实也只有一个原因。玉石在人类文明史上出现的时间太早，人们对于世间万物的认识都受困于客观的生产条件，对于无法用自身经验来解释的事物，人类最擅于发挥脑海中的丰富想象。为何都是山中掉落的石头，偏这一块玲珑剔透，温润可爱，拿在手上，凉沁滑润，且韧度超群，不仅拥有美丽的外表，也最适宜拿来作为神兵利器。再接着，人们发现，这种晶莹剔透的石头出现的频率实在太少，能不能在滔滔河水之中拾得，仿佛是要看上天的旨意。人们相信，这种石头一定是特殊的，一定与这天、这地，有着某种神秘且不为人而知的联系。

　　人类对于美好的向往是本能，但是对于价值的认知，却一定是在群居的社会中培养出来的。当人们能够区别玉与石的时候，自然赋予了玉一种特殊的价值，也许，这也正是人类文明初始的一道闪电，远古的先辈们意识到不是所有的事情都能够一概而论，基于此，文明兴起，社会阶层逐渐分化，城池、国家、王权……开始出现，文明，自此开始自然生长。而玉石裹挟于其中，再逃脱不开，剥离不去，在中华文明之树上交缠而生，直到如今。

　　随着人类智力的不断启蒙，对于这个世界的认知也逐渐深刻。人们认识到玉石或许并不如神话之中那样，蕴含着沟通天地的神力。但是玉器本身的独特性，使得人们依旧相信这是一种独特的宝物，是大自然的馈赠。

碧玉灵芝纹如意

在南太平洋的玉石文化中，毛利人对待玉器的态度最为简单，玉石超高的硬度使得在毛利族部落中，玉制武器成为勇者的专属。这也许是神灵的恩赐，但是神赐之物的用途，也是作为武器，帮助部族在战争中可以获得胜利。在这样一种玉文化中，玉器的神话色彩与人文色彩产生了强烈的融合，有着一种朴素的升华。

中美洲的玉石文化，从头至尾，则有着神秘的色彩。这和单纯的玉石无关，而是因为中美洲文明本身就具有特殊的神秘性。中美洲文明，几乎可以称为没有来处也没有去处的文明，文明所有的一切在高峰时戛然而止，因而我们也无法在雨林间残存的遗址中，挖掘到更多玉石的过去和将来。

中华文化中的玉文化，伴随着社会的发展，从神话时代的产物逐步的过渡到了人文的珍宝。这中间有玉石俱焚，有兰摧玉折，也有宁为玉碎不为瓦全，更多的则是玉带给人们的美好与感动。

黄玉寿星山子

为了这一份美好和感动，勤劳的先民们更是将吃苦耐劳的美德发挥到极致。采玉，是一趟九死一生的路程，昆仑山再遥远，路途再艰辛，也无法阻拦人们对于上好和田玉石的向往。昆仑山间再多的风霜雨雪，也抵不过采到极致美玉那一瞬间的欣喜。可见，古人对美好的追求从不止歇。

这种不懈的追求，还体现在古人的琢玉之功中。琢玉是一个技术活，但也需要非凡的耐心和毅力。只有不厌其烦、日复一日地用功，才能雕琢出世上最精美的玉器。很难想象最早的先民们，是如何在恶劣的生存环境之下，不辞劳苦地找到最佳的打磨玉器的办法。最令人惊讶的是，脚蹬手磨的砣机一经发明出来就在不停地旋转着，竟然延续了几千年。

玉是整个中华文明系统中宝玉石文化的基础，这是整个民族接受度最高，流传度也最高的宝石，对中华民族来说，玉早就已经脱离了日常生活的使用范畴，而成为民族精神的代表，成为这个民族的名片和符号。

一个民族，一定要寻求一种民族认同之感。对于中华民族来说，玉便是一个具有强烈民族认同感的物品。在中华历史上出现的无论哪个民族，及这些民族创造的文化，对于玉，态度都有一种微妙的统一，对玉的喜爱，不仅流淌于民族的血液之中，更像是弥漫于东方这片土地上的空气因子，只要在这里生活、成长，对于玉就会有一种自然而然的亲近。中原地区自不必说，玉石是整个国家的至宝。对于生活在中原地区周边的其他民族来说，玉石同样是部族内的珍宝，这种爱玉的基因不仅代代相传，而且也在地域上向外辐射，乃至于朝鲜半岛、日本群岛出土的美玉制品，都在彰显着以玉石为基调的大中华文明圈的和而不同。

玉，生成于巍巍昆仑之巅，游走于蜿蜒于阗河谷，历经沧海桑田，始成玉基；受烈焰焚躯，乃筑玉魄；经万蚀其身，方为玉形。它在文明的源头上闪闪发光，在神话的情节里默默奉献，在部落的仪式中翩翩起舞，在帝王的腰身间锵锵和鸣，在文人的桌案边轻轻诉说。它是大地的舍利，是宇宙赐给人类的精神财富，是全人类的瑰宝。

载道之器，智慧人生

　　玉经历了地球的演变，见证了人类的诞生，融合了民族的发展，在由石变玉的过程中它承载了大自然的神奇造化，蕴含着天地的密码，在由玉变器的琢磨中它凝聚了圣哲的智慧和匠人的心血，展现着中华的文化。玉可以给我们带来穿越时空的启示，让我们对自然与生命的感悟同古人相会，这就是不言之教。

　　老子说"大音希声，大象无形"，天地运转的力量和声音，包容星辰的浩瀚宇宙之象，是不能被我们的耳朵所听到、眼睛所看到的。老子又说"有物混成，先天地生。寂兮寥兮，独立而不改，周行而不殆""吾不知其名，强字之曰道"。在有形的世界诞生之前，有一个整体的力量在不停地运转着，我也不知道怎么去定义它，勉强称之为道。这就是宇宙的诞生与星系的运转之力，这种力量在我们的生活中体现在四季的变化、日月的更替，小可精微于一颗种子的成长和一朵鲜花的盛开。虽然我们看不到这个伟大的力量，但我们的生命却时刻依靠着它而生生不息。所以老子说"执大象，天下往"，人生只有掌握了大自然的规律和生命的力量，也就是"大象无形"的力量，才可以无往而不利。这就是两千多年前中华民族的宇宙观。道不可说，但可以体会。

有了"大象无形"的宇宙智慧和对生命的感知，也就完成了对生命价值的理解。"故道大，天大，地大，人亦大"。"人法地，地法天，天法道，道法自然"。老子说人的心如同天地一样宽广，而生命的意义就是在于如道一样生养万物、利益他人。做人的境界要像水一样自然，虽然所有的生命都依靠水来滋养孕育，但江

青玉大象无形摆件

河却回归到世界最低的位置成为大海。做人的智慧也要如水一样，柔和地渗透进大地，无声地推动着生命的成长，驾驭着整个有形的世界，可谓"天下之至柔，驰骋天下之至坚"。但是水看似很伟大，却没有主动做过任何事情，是完全无为的。水之所以能够化为雨水，是因为阳光的照射蒸腾，水之所以能奔流入海是因为大地的引力，而大地的引力和围绕太阳旋转的力量一样，是宇宙之初"道"的力量。水顺应着大道的力量毫无自主的作为，却实现了生养万物的作用。这就是无为而无不为的智慧，也就是"天人合一，无为而治"的人生哲学。

而古典玉雕的最高境界也是"即雕即琢，复归于朴"，要求

青玉老子出关摆件

白玉悟道山子

　　将天地自然的造化最大限度地保留，人为的意识要降到最低，匠人顺应着玉石天然的造型、颜色和纹理进行雕琢，实现物我两忘，至简、至美、至和的美学追求。所以，每一件伟大的玉器都承载着天地的精神和人工的匠心，究竟是天地的琢磨，还是人工的蹉跎，已经浑然一体了。

　　玉，本是石，当先人们赋予了它神性，圣贤们赋予了它道德，再经过匠人的琢磨，变成了载道之器，从而实现了由美石到玉器的转化。在琢刻前后，玉石本身的性质并没有丝毫的改变，改变的是造型和玉性的显露，赋予的是人文的精神与情感。

未雕琢，是石，而石中含玉；雕琢后，是玉，而玉本是石。

如同我们每个人的心跳、呼吸、生长与衰亡都遵循着自然的大道，我们每个人的心中都有宇宙本来的智慧与德行，如果局限于分离的小我去认知世界，那么人生必然是烦恼和痛苦的，如果觉醒于合一的大我去服务社会，那么人生终将是幸福和圆满的。人需要像琢刻美玉一样对自己的身心进行顺应自然的修为和真我的发现，才能成为有益于天下的圣贤。

未觉醒，是人，而人心本圣；觉醒后，是圣，而圣还是人。

这就是石与玉对我们人生智慧的启示吧，可谓：石心死，玉心生；人心死，而道心生。

玉之成

玉之初	系熔岩	由深层	到地面
经冷却	形态变	玉成分	硅酸盐
透闪石	角闪石	阳起石	玉之源
经风雨	经雷电	经酷暑	经严寒
水火风	日月精	聚和气	自然成
石中神	千古灵	物华映	光彩生
寻玉艰	若登天	历万难	始发现
千人往	百人返	百人往	十人还
极品玉	昆仑巅	雪山下	和田滩
籽料玉	水浸泡	久冲刷	成状元
山流水	戈壁滩	次棱角	是榜眼
山料玉	略青灰	较干涩	排第三
和田白	温润坚	如凝脂	金不换
辉石类	彩云南	泛青海	藏独山
翡与翠	色美艳	硬度高	耐琢研
南阳玉	矿物兼	比于翠	美名传
辽岫岩	兴史前	易雕刻	近万年
绿松石	磷酸盐	晶莹亮	色蔚蓝
天赐玉	启良缘	天人合	在世间